MATHEMATIK 6

LEHRPROGRAMMBÜCHER
HOCHSCHULSTUDIUM

Gewöhnliche Differentialgleichungen erster Ordnung

Übungsprogramm

VON E. BERANE, H. KNORR

LEIPZIG 1976
AKADEMISCHE VERLAGSGESELLSCHAFT
GEEST & PORTIG K.-G.

AUTOREN:

DIPL.-GWL. EDITH BERANE
Assistent an der Sektion Mathematik der Technischen Hochschule Karl-Marx-Stadt

FACHL. HENRY KNORR
Wiss. Sekretär an der Sektion Mathematik der Technischen Hochschule Karl-Marx-Stadt

Die zweite Überarbeitung erfolgte durch

DIPL.-GWL. Edith BERANE, Sektion Mathematik der Technischen Hochschule Karl-Marx-Stadt

FACHL. HENRY KNORR, Sektion Mathematik der Technischen Hochschule Karl-Marx-Stadt

DIPL.-MATH. FRIEDMAR LOWKE, Sektion Mathematik der Technischen Hochschule Karl-Marx-Stadt

unter Beachtung der Himweise von

Dipl.-MATH. DIETER BACHMANN, Sektion Mathematik der Technischen Hochschule Karl-Marx-Stadt

DIPL.-MATH. WOLFGANG MEUCHE, Sektion Mathematik der Friedrich-Schiller-Universität Jena

DOZ. DR. RER. NAT. HEINZ-JOACHIM PRESIAL,Sektion Mathematik, Rechentechnik und ökonomische Kybernetik der Technischen Hochschule Ilmenau

DR. PAED. DIPL.-ING. UDO UEBRICK, Sektion Mathematik der Technischen Hochschule "Otto von Guericke" Magdeburg

HERAUSGEBER:

DOZ. DR. HEINZ LOHSE
Forschungszentrum für Theorie und Methodologie der Programmierung von Lehr- und Lernprozessen an der Karl-Marx-Universität Leipzig

1. Auflage
VLN 276-105/25/76 · LSV 1034
Lektor: Dorothea Ziegler

Fotomech. Nachdruck: Volksdruckerei Zwickau

Bestell-Nr. 669 732 5
DDR 7,50 M

ISBN 978-3-528-03574-7 ISBN 978-3-322-85653-1 (eBook)

DOI 10.1007/978-3-322-85653-1

Vorwort

Auf Differentialgleichungen (Abkürzung: Dgln.) wird man bei der Beschreibung von Vorgängen in den verschiedensten Wissenschaftsbereichen geführt. Diese Tatsache findet ihren Niederschlag in der Lehrplangestaltung der entsprechenden Fachstudienrichtungen. Das vorliegende Material soll die Erarbeitung des Stoffgebietes Dgln. unterstützen, insbesondere Fertigkeiten beim Lösen von Dgln. entwickeln. Dazu werden zu Beginn eines jeden Abschnittes die Lösungsschritte zusammengestellt, Beispiele angeboten und dann das selbständige Lösen von Dgln. gefordert.

Wir möchten allen an der Überarbeitung Beteiligten, insbesondere den Mitarbeitern des Forschungszentrums für Theorie und Methodologie der Programmierung an der Karl-Marx-Universität Leipzig unter Leitung von Herrn Doz. Dr. Lohse für ihre wertvollen Hinweise danken.

Inhalt

Das Programm richtet sich vorwiegend an:

Studierende ingenieurwissenschaftlicher, naturwissenschaftlicher, ökonomischer und agrarwissenschaftlicher Fachstudienrichtungen. Das Material wurde entwickelt, um die mathematische Ausbildung im Grundstudium der genannten Fachstudienrichtungen zu unterstützen. Es besteht auch die Möglichkeit, das Material bei der Ausbildung von Lehrern einzusetzen.

Voraussetzungen für die erfolgreiche Abarbeitung des Übungsprogramms

- Rechengesetze im Bereich der reellen und im Bereich der komplexen Zahlen, insbesondere Anwendung der Potenz- und Logarithmengesetze.
- Differentialrechnung, besonders der Begriff des Differentialquotienten, die Differentationsregeln, die Ableitungen der elementaren Funktionen, die Anwendung der Differentialrechnung sowie partielle Ableitungen.
- Integralrechnung, besonders die allgemeinen Integrationsregeln, die Grundintegrale, die Begriffe des unbestimmten und bestimmten Integrals.
- Grundkenntnisse über gewöhnliche Differentialgleichungen.

Hilfsmittel dazu: Nachschlagewerk bzw. Formelsammlung, Lehrwerk und Vorlesungsnachschrift.

Ziele

Sie sollen nach Durcharbeitung des Programms in der Lage sein:
- die Art einer Dgl. (gewöhnlich oder partiell), ihre Ordnung sowie ihren Grad zu erkennen und die allgemeine von der speziellen Lösung zu unterscheiden;
- Dgln. aus geometrischen und physikalischen Sachverhalten herzuleiten;
- Dgln und ihre Lösung geometrisch zu interpretieren;
- mit den Begriffen 'Richtungselement', 'Richtungsfeld', 'Isoklinen' und 'Lösungsschar' zu arbeiten.

Ferner sollen Sie befähigt werden, verschiedene elementar integrierbare Typen von Dgln. zu erkennen, und Fertigkeiten erlangen im selbständigen Lösen dieser Dgln.

Anleitung zur Arbeit mit dem Übungsprogramm

- Lernen Sie ehrlich! Wenn Sie sich nicht selbst betrügen wollen, so lösen Sie die Ihnen gestellten Aufgaben selbständig und schauen Sie erst danach zur Lösung!
- Lernen Sie bewußt! Stellen Sie sich zwischendurch oft Fragen, Ziehen Sie selbständig Schlußfolgerungen. Denken Sie mit!
- Lernen Sie selbständig! Nehmen Sie möglichst wenig Hilfen in Anspruch! Fragen Sie erst dann Ihren Betreuer, wenn Sie selbst nicht mehr weiterkommen!
- Lernen Sie gewissenhaft! Korrigieren Sie sofort Ihre Fehler! Gehen Sie erst dann zum nächsten Programmschritt über, wenn Sie wirklich alles verstanden haben!
- Halten Sie sich streng an die Führung!

-----→ 9 A	bedeutet::weiterarbeiten auf Seite 9, Abschnitt A.
--- 9 A ---↩	Studieren Sie Programmschritt 9 A und kehren Sie dann zu dem eben bearbeiteten Schritt zurück (unabhängig von der Steuerung in 9 A).
--- 9 A→ 12 B	Studieren Sie 9 A und gehen Sie dann zu 12 B über (unabhängig von der Steuerung in 9 A).

- Beschreiten Sie den für Sie durch Ihren jeweiligen Kenntnisgrad bestimmten Weg, und ergänzen Sie gegebenenfalls die fehlenden Begriffe! Sie erkennen diese Leerstellen durch Lücken der Form _ _ _.
- Fertigen Sie beim Betreuer abzugebende Aufgaben selbständig an! Weisen Sie so den Entwicklungsstand Ihrer Kenntnisse nach!
- Für Ihre eigenen Notizen und Rechnungen verwenden Sie ein Arbeitsheft. Gestalten Sie darin Ihre Rechnungen sauber und übersichtlich, so daß es Ihnen später als Nachschlagewerk dienen kann.
- Beginnen Sie mit dem Durcharbeiten beim Programmabschnitt "Grundbegriffe und Herleitung einer Differentialgleichung" (Programmschritt 9 A). Treten bei der Abarbeitung des Programms Schwierigkeiten durch mangelnde Vorkenntnisse auf, so können Sie in der angegebenen Zusammenstellung notwendiger mathematischer Grundlagen Hilfe finden (Seite 6 bis 8).
- Und letztlich: Viel Freude bei der Arbeit!

Zusammenstellung notwendiger mathematischer Grundlagen

1. Logarithmenrechnung:

Die Auflösung einer Potenz $b = a^n$ nach dem Exponenten ergibt $n = \log_a b$, $b > 0$, $a > 0$, $a \neq 1$.

Es gelten folgende Logarithmengesetze:

$\log(ab) = \log a + \log b$; $\log \sqrt[n]{a} = \frac{1}{n} \log a$;

$\log \frac{a}{b} = \log a - \log b$; $\log a^n = n \log a$.

Der Logarithmus einer Potenz, deren Basis mit der Basis des verwendeten Logarithmensystems übereinstimmt, ist gleich dem Exponenten, z.B.:

$$\lg 10^x = x \lg 10 = x,$$

$$\ln e^{f(x)} = f(x) \ln e = f(x).$$

Das "Entlogarithmieren" ist das Auflösen der Gleichung $\log_a b = n$ nach dem Numerus und ergibt $b = a^n$. Speziell für den natürlichen Logarithmus gilt

$$\ln y = f(x) \implies y = e^{f(x)}.$$

2. Zusammenhang zwischen Differential- und Integralrechnung.

Gegeben sei eine Funktion $y = F(x)$. Ihre Ableitung sei $y' = f(x)$.
Beim Differenzieren ist $F(x)$ bekannt und $f(x)$ gesucht: $F'(x) = f(x)$.
Beim Integrieren ist $f(x)$ bekannt und $F(x)$ gesucht:
$\int F'(x)dx = \int f(x)dx \implies \int f(x)dx = F(x) + C$, wobei $F(x)$ zu $f(x)$ eine Stammfunktion ist.

3. Differentationsregeln:

$F(x) = c$, $F'(x) = 0$;

$F(x) = cf(x)$, $F'(x) = cf'(x)$;

$F(x) = f(x) \pm g(x)$, $F'(x) = f'(x) \pm g'(x)$;

Produktregel:

$F(x) = f(x)\, g(x)$, $F'(x) = f'(x)\, g(x) + f(x)\, g'(x)$.

Quotientenregel: $(g(x) \neq 0)$:

$F(x) = \frac{f(x)}{g(x)}$, $F'(x) = \frac{f'(x)\, g(x) - f(x)\, g'(x)}{[g(x)]^2}$.

Kettenregel: $y = f(z)$, $z = \varphi(x)$, $y = f[\varphi(x)]$,

dann gilt $\frac{dy}{dx} = \frac{dy}{dz} \frac{dz}{dx}$.

4. Integrationsregeln:

$$\int c\, f(x)dx = c \int f(x)dx;$$
$$\int [f(x) \pm g(x)]dx = \int f(x)dx \pm \int g(x)dx.$$

4.1. Partielle Integration:

$$\int u(x)\, v'(x)dx = u(x)\, v(x) - \int u'(x)\, v(x)\, dx.$$

4.2. Integration durch Substitution:

Es sei $F(x) = \int f(x)dx$.

Mit $x = \varphi(z)$, $f[\varphi(z)] = G(z)$ folgt

$$F(x) = \int f[\varphi(z)]\varphi'(z)dz = \int G(z)\, \frac{dx}{dz}dz.$$

Oft verwendete Substitutionen:

$\left.\begin{array}{l} \int \frac{f'(x)}{f(x)}\, dx = \ln|f(x)| + C \\ \int f(x)\, f'(x)\, dx = \frac{1}{2} f^2(x) + C \end{array}\right\}$ Subst.: $f(x) = z$

$\int \frac{dx}{x^2+a^2}$ Subst.: $x = az$

$\int \frac{dx}{\sqrt{x^2+a^2}}$ Subst.: $x = a \sinh z$

$\int \frac{dx}{\sqrt{x^2-a^2}}$ Subst.: $x = a \cosh z$

$\int \frac{dx}{\sqrt{a^2-x^2}}$ Subst.: $x = a \sin z$ oder $x = a \cos z$

$\int R(x; \sqrt{x^2 - a^2})dx$ Subst.: $x = a \cosh z$

$\int R(x; \sqrt{x^2 + a^2})dx$ Subst.: $x = a \sinh z$

$\int R(x; \sqrt[n]{ax + b})dx$ Subst.: $ax + b = z^n$

$\int R(x^m; \sqrt[n]{x^m + b})dx$ Subst.: $x^m + b = z^n$

$\int R(x; \sqrt{a^2 - x^2})dx$ Subst.: $x = a \sin z$ oder $x = a \cos z$

$\int R(e^x)dx$ Subst.: $e^x = z$

$\int R(\tan x)dx$ Subst.: $\tan x = z$

$\int R(\sin x; \cos x)dx$ Subst.: $\tan \frac{x}{2} = z$.

5. Partialbruchzerlegung

$$f(x) = \frac{z(x)}{n(x)} = \frac{a_n x^n + a_{n-1}x^{n-1} + \ldots + a_1 x + a_o}{x^m + b_{m-1}x^{m-1} + \ldots + b_1 x + b_o}.$$

Voraussetzung: $m > n$ (sonst Abspaltung des ganzrationalen Anteils durch Polynomdivision).

a) $n(x)$ habe nur einfache reelle Nullstellen $x_1; x_2; \ldots; x_m$, dann läßt sich $n(x)$ folgendermaßen darstellen:

$$n(x) = (x - x_1)(x - x_2) \ldots (x - x_m).$$

Dann gilt: $\frac{z(x)}{n(x)} = \frac{A}{x-x_1} + \frac{B}{x-x_2} + \ldots + \frac{M}{x-x_m}.$

b) $n(x)$ habe nur reelle (auch mehrfache) Nullstellen, wobei x_1 eine α-fache, x_2 eine β-fache, ..., x_k eine χ-fache Nullstelle sei:

$$n(x) = (x - x_1)^{\alpha} (x - x_2)^{\beta} \ldots (x - x_k)^{\chi}.$$

Dann gilt:
$$\frac{z(x)}{n(x)} = \frac{A_1}{x-x_1} + \frac{A_2}{(x-x_1)^2} + \ldots + \frac{A_\alpha}{(x-x_1)^\alpha}$$
$$+ \frac{B_1}{x-x_2} + \frac{B_2}{(x-x_2)^2} + \ldots + \frac{B_\beta}{(x-x_2)^\beta} + \ldots$$
$$+ \frac{K_1}{x-x_k} + \frac{K_2}{(x-x_k)^2} + \ldots + \frac{K_\chi}{(x-x_k)^\chi}.$$

c) $n(x)$ besitze neben reellen Nullstellen auch einfache komplexe Nullstellen, wobei $x_1; x_2; \ldots$ reell sind und die Gleichungen

$$x^2 + p_1 x + q_1 = 0; \ldots; x^2 + p_l x + q_l = 0$$

konjugiert komplexe Lösungen haben:

$$n(x) = (x - x_1)^{\alpha}(x - x_2)^{\beta} \ldots (x^2 + p_1 x + q_1) \ldots (x^2 + p_l x + q_l).$$

Dann gilt:
$$\frac{z(x)}{n(x)} = \frac{A_1}{x-x_1} + \frac{A_2}{(x-x_1)^2} + \ldots + \frac{A_\alpha}{(x-x_1)^\alpha}$$
$$+ \frac{B_1}{x-x_2} + \frac{B_2}{(x-x_2)^2} + \ldots + \frac{B_\beta}{(x-x_2)^\beta} + \ldots$$
$$+ \frac{M_1 x+N_1}{x^2+p_1 x+q_1} + \ldots + \frac{M_l x+N_l}{x^2+p_l x+q_l}.$$

Die Koeffizienten in den einzelnen Partialbruchzerlegungen lassen sich jeweils eindeutig bestimmen (ausführlich dargestellt in Heft 5 dieser Reihe).

Grundbegriffe und Herleitung einer Differentialgleichung

9 A

Sie haben in der Vorlesung oder im Selbststudium folgende Begriffe kennengelernt, die hier noch einmal zusammengestellt werden:

DIFFERENTIALGLEICHUNG:

Gleichung, in der neben reellen Variablen und reellen Funktionen auch noch Differentialquotienten dieser Funktionen auftreten.

GEWÖHNLICHE DIFFERENTIALGLEICHUNG:

Dgl., die nur Funktionen einer unabhängigen Variablen und deren Differentialquotienten erhält

PARTIELLE DIFFERENTIALGLEICHUNG:

Dgl., die nur Funktionen mehrerer unabhängiger Variabler und deren partielle Ableitungen enthält.

ORDNUNG DER DIFFERENTIALGLEICHUNG:

Eine Dgl. heißt von n-ter Ordnung, wenn die höchste in ihr auftretende Ableitung von n-ter Ordnung ist.

GRAD DER DIFFERENTIALGLEICHUNG:

Eine Dgl. heißt vom Grade n, wenn die höchste Potenz der abhängigen Variablen oder deren Ableitungen vom Grade n sind (wobei bei Produkten die Summe der Exponenten zu zählen ist). Ist eine Dgl. vom Grade 1, so heißt sie <u>linear</u>, andernfalls <u>nichtlinear.</u>

LÖSUNG EINER GEWÖHNLICHEN DIFFERENTIALGLEICHUNG N-TER ORDNUNG:

Jede Funktion, die in einem Intervall I mindestens n mal differenzierbar ist, heißt Lösung einer gewöhnlichen Dgl. n-ter Ordnung in I, wenn sie samt ihren Ableitungen in die Dgl. eingesetzt, diese zu einer Identität führt.

Wir vereinbaren als Definitionsbereich für die Dgl. und deren Lösungen jeweils den größtmöglichen, ohne diesen in jedem Fall anzugeben. Ergeben sich zusätzliche Einschränkungen durch die gegebene Dgl., dann sind diese anzugeben.

-----→ 10 A

10 A An Hand der nachfolgend aufgeführten Beispiele wollen wir Ihnen die Anwendung der in 9 A genannten Begriffe zeigen. Sehen Sie sich die Beispiele gründlich an!

1. $xy'(x) - y(x) = 0.$

Das ist eine gewöhnliche Dgl. 1. Ordnung und 1. Grades, d. h., sie ist linear. Lösungen dieser Dgl. sind z. B. die Funktionen $y = x$ oder $y = 2x$.

2. $m \frac{d^2s}{dt^2} + ks = 0$ (Dgl. der ungedämpften Schwingung).

Das ist eine gewöhnliche lineare Dgl. 2. Ordnung.

Die Funktionen $s = \sin \sqrt{\frac{K}{m}}\, t$, $s = \cos \sqrt{\frac{K}{m}}\, t$ sind Lösungen der angegebenen Dgl.

3. $\frac{\partial^2 y}{\partial x^2} = a^2 \frac{\partial^2 y}{\partial t^2}$; $y = y(x; t)$ (Dgl. der schwingenden Saite).

Partielle Dgl. 2. Ordnung und 1. Grades.

4. $xy'^2 - 2x^2y' + 2xy = 0.$

Gewöhnliche Dgl. 1. Ordnung und 2. Grades.

5. $\cos y' - xy = 0.$

Gewöhnliche Dgl. 1. Ordnung; Gradangabe nicht möglich, da die abhängige Variable im Argument einer transzendenten Funktion auftritt. -----> 11 A

---

10 B Sie konnten die Aufgabe nicht lösen. Für die Kurvenschar haben Sie sicher die Gleichung $y = Cx$ gefunden. Durch einmaliges Differenzieren entsteht $y' = C$. Das wird in die gegebene Gleichung eingesetzt. Führen Sie das aus! -----> 13 C

---

10 C Ihr Ergebnis ist falsch. Sie sind zwar zu einer Dgl. erster Ordnung gelangt, jedoch ist der Parameter C noch darin enthalten. Aus Ihrem Zwischenergebnis $y' = C$ und der gegebenen Kurvenschar $y = Cx$ läßt sich der Parameter C leicht eliminieren.
Führen Sie das aus! -----> 13 C

IIA

Bestimmen Sie in den folgenden Dgln.

a) die Art (gewöhnliche oder partielle),

b) die Ordnung,

c) den Grad

der jeweils vorgegebenen Dgl.:

1. $y'' - a(1 + y'^2) = 0.$

   a) _ _ _ _ _ _ _ _ _ ,

   b) _ _ _ _ _ _ _ _ _ ,

   c) _ _ _ _ _ _ _ _ _ .

2. $\frac{\partial^2 y}{\partial x^2} = \frac{\partial y}{\partial t} + \frac{\partial^2 y}{\partial t^2}; \quad y = y(x; t).$

   a) _ _ _ _ _ _ _ _ _ ,

   b) _ _ _ _ _ _ _ _ _ ,

   c) _ _ _ _ _ _ _ _ _ .

3. $y^{(4)} - 8y'' + 16y = 0.$

   a) _ _ _ _ _ _ _ _ _ ,

   b) _ _ _ _ _ _ _ _ _ ,

   c) _ _ _ _ _ _ _ _ _ .

4. $\frac{\partial^2 u}{\partial x^2} + \frac{1}{x}\frac{\partial u}{\partial x} + \frac{1}{x^2}\frac{\partial^2 u}{\partial y^2} + \frac{\partial^2 u}{\partial z^2} = 0; \quad u = u(x; y; z)$

   a) _ _ _ _ _ _ _ _ _ ,

   b) _ _ _ _ _ _ _ _ _ ,

   c) _ _ _ _ _ _ _ _ _ .

5. $y'(x^2y^3 + xy) = 1.$

   a) _ _ _ _ _ _ _ _ _ ,

   b) _ _ _ _ _ _ _ _ _ ,

   c) _ _ _ _ _ _ _ _ _ .

Vergleichen Sie Ihre Ergänzungen! -----→ 13 A

IIB

Lautet Ihre Dgl. $y' - y = 1 - x$, dann -----→ 17 A

Sind Sie nicht zu diesem Ergebnis gekommen, dann müssen Sie sich noch eimmal gründlich mit dem Beispiel in 13 B beschäftigen, denn das ist nun bereits die zweite Aufgabe, die Sie nicht bewältigt haben. -----→ 13 B

12 A Sie wissen, daß man außer bei der Beschreibung physikalischer und technischer Vorgänge auch auf formalem Wege zu gewöhnlichen Dgln. gelangen kann.

Gegeben sei eine Funktion

$$y = \varphi(x;\ C),$$

wobei C eine willkürliche Konstante (der Parameter) sei.

Für jeden Wert C_1 von C stellt

$$y = \varphi(x;\ C_1) \tag{1}$$

eine ebene Kurve dar. Für beliebige Parameterwerte entsteht demnach eine Schar von Kurven, eine einparametrige Kurvenschar.

Wird nun die erste Ableitung nach x gebildet,

$$y' = \varphi'(x;\ C_1), \tag{2}$$

und mittels (1) der Parameter C_1 in (2) eliminiert, so entsteht

$$F(x;\ y;\ y') = 0 \tag{3}$$

d. h. eine Dgl. _ _ Ordnung. Dabei ist (1) Lösung von (3).

Liegt eine zweiparametrige Kurvenschar

$y = \varphi(x;\ C_1;\ C_2)$ vor, so liefern die Ableitungen

$y' = \varphi'(x;\ C_1;\ C_2)$ und $y'' = \varphi''(x;\ C_1;\ C_2)$

weitere zwei Gleichungen für die Elimination der Parameter C_1 und C_2. Wird die Elimination durchgeführt, so entsteht eine Dgl. 2. Ordnung:

$$F(\_\ \_\ \_\ \_\ \_\ \_\ \_) = 0.$$

Das angegebene Verfahren wird auf n-parametrige Kurvenscharen ausgedehnt:

$$\left.\begin{aligned} y &= \varphi(x;\ C_1;\ C_2;\ \ldots;\ C_n), \\ y' &= \varphi'(x;\ C_1;\ C_2;\ \ldots;\ C_n), \\ &\ \vdots \\ y^{(n)} &= \varphi^{(n)}(x;\ C_1;\ C_2;\ \ldots;\ C_n). \end{aligned}\right\} \tag{4}$$

Durch Elimination der C_i $(i = 1, 2, \ldots, n)$ aus (4) entsteht eine Dgl. _ _ Ordnung:

$$F(\_\ \_\ \_\ \_\ \_\ \_) = 0. \tag{5}$$

Dabei ist die Funktion

$$y = \varphi(x;\ C_1;\ C_2;\ \ldots;\ C_n) \tag{6}$$

Lösung von (5). Man nennt sie allgemeine Lösung der Dgl. Sie enthält bei einer Dgl. n-ter Ordnung n willkürlich wählbare Konstanten. Setzt man in (6) für C_1, C_2, ... C_n Werte ein, dann entsteht eine spezielle oder partikuläre Lösung.

Vergleichen Sie! -----→ 15 E

13A

1. a) gewöhnliche Dgl. b) 2. Ordnung c) 2. Grades
2. a) partielle Dgl. b) 2. Ordnung c) 1. Grades
3. a) gewöhnliche Dgl. b) 4. Ordnung c) 1. Grades
4. a) partielle Dgl. b) 2. Ordnung c) 1. Grades
5. a) gewöhnliche Dgl. b) 1. Ordnung c) 4. Grades

Wenn Sie die Begriffe richtig ergänzt haben, so -----→ 12 A

Sollten Sie Fehler gemacht haben, dann müssen Sie, bevor Sie im Programm weiterarbeiten, den entsprechenden Abschnitt in einem Lehrbuch, in Ihrer Nachschrift oder in 9 A noch einmal durcharbeiten. --- 9 A ---→ 12 A

13B

Zur Herleitung einer Dgl. betrachten Sie folgendes Beispiel:

Zu bestimmen ist die Dgl. aller Kreise mit dem Mittelpunkt auf der y-Achse!

Lösungsweg: Die Gleichung dieser Kreise lautet $x^2 + (y - a)^2 = r^2$. Dabei sind a und r die Parameter der Kurvenschar. Die Aufgabenstellung führt also auf eine Dgl. 2. Ordnung. Implizite Differentiation, die bei solchen Gleichungen sehr vorteilhaft ist, liefert $2x + 2(y - a)y' = 0$, also

$$x + (y - a)y' = 0, \qquad (7)$$

und nach nochmaliger Differentiation erhält man

$$1 + y'^2 + (y - a)y'' = 0,$$

$$\Longrightarrow y - a = -\frac{1+y'^2}{y''}. \qquad (8)$$

(8) in (7) eingesetzt ergibt

$$x - \frac{1+y'^2}{y''}\,y' = 0 \quad \text{bzw.} \quad \underline{xy'' - (1 + y'^2)y' = 0}.$$

Das ist eine Dgl. 2. Ordnung, 3. Grades.

Bestimmen Sie nun selbständig die Dgl. aller Geraden durch den Ursprung (mit Ausnahme der y-Achse)! -----→ 15 A

13C

Die gesuchte Dgl. lautet $xy' = y$.

Bestimmen Sie nun die Dgl. der Kurvenschar

$y = Ce^x + x$. -----→ 11 B

14A Die richtigen Ergänzungen sind: C_2 / 0 / $y'' = 0$.
Jetzt können Sie die vorhin begonnene Aufgabe gewiß lösen. Diese lautete: Gesucht ist die Dgl. für die Kurvenschar

$$y = C_1 + C_2x + C_3x^2.$$

-----→ 16 A

14B Wie Sie wissen, ist es möglich, für eine Dgl. 1. Ordnung eine geometrische Interpretation zu geben.
Gegeben ist eine Dgl. 1. Ordnung,

$$F(x;\ y;\ y') = 0 \tag{3}$$

mit einer Kurvenschar

$$y = \varphi(x;\ C) \tag{1}$$

als allgemeine Lösung. Wird nun - falls möglich - (3) nach y' aufgelöst, so entsteht die explizite Form

$$y' = f(x;\ y). \tag{9}$$

Die Gleichung (9) legt für jeden Punkt P_0 mit den Koordinaten x_0 und y_0 einen Wert für die Ableitung y' fest, d. h. den Wert des Tangens des Winkels zwischen der Tangente zur Integralkurve (Element der Kurvenschar (1)), die durch diesen Punkt geht, und der x-Achse. Das so entstehende Zahlentripel $(x_0;\ y_0;\ y_0')$ nennt man das R i c h t u n g s e l e m e n t für P_0. Die Gesamtheit der Richtungselemente bildet das R i c h t u n g s f e l d der Dgl. in der x,y-Ebene.
Das Integrieren einer Dgl. 1. Ordnung besteht also geometrisch in dem Auffinden von Kurven, deren Tangentenrichtung mit dem Richtungsfeld der entsprechenden Dgl. übereinstimmt.

Verbindet man in einem Richtungsfeld die Punkte, denen die gleiche Richtung zugeordnet ist, so erhält man eine Kurvenschar, die Schar der I s o k l i n e n des Richtungsfeldes. Beachtet man, daß nach dieser Erklärung auf einer Isokline $y' = C = \text{const}$ ist, so findet man als Gleichung für die Isoklinenschar

$$f(x;\ y) = C.$$

Wenn Sie meinen, diese Darlegungen verstanden zu haben, dann lösen Sie eine entsprechende Aufgabe! -----→ 16 C

Sie können Sich jedoch auch vorher noch ein Beispiel ansehen.
-----→ 18 A

15A

Erhielten Sie

$y' = C$ -----→ 10 C

$y' = \frac{1}{x} y$ -----→ 17 A

keine der beiden Dgln.? -----→ 10 B

15B

Welche Dgl. haben Sie erhalten?

$x^2 y''' = 0$ -----→ 17 D

$2 C_1 = 2y - 2y'x + y''x^2$ -----→ 17 B

$y''' = 0$ -----→ 16 D

Haben Sie keine der angegebenen Gleichungen, so -----→ 16 F

15C

Sie haben das richtige Ergebnis

$(y'')^2 = a^2(1 - y'^2)$

erhalten. -----→ 14 B

Sie sind bei dem Zwischenergebnis

$y' = - \sin(ax + C_2)$

$y'' = - a \cos(ax + C_2)$

nicht weitergekommen. -----→ 17 F

Sie sind zu keinem oder einem anderen Ergebnis gekommem. -----→ 19 A

15D

Vergleichen Sie Ihr Ergebnis mit den folgenden Angeboten!

$p = yy'$ -----→ 17 E

$y = 2xy'$ -----→ 16 D

Haben Sie keine der Gleichungen erhalten, dann können Sie sicher nicht implizit differenzieren.

Sehen Sie sich deshalb noch einmal das Beispiel in 13 B an und kehren Sie dann gleich zur Aufgabe zurück! --- 13 B ---→ 16 B

15E

Die richtigen Ergänzungen sind:

erster / x; y; y'; y" / n-ter / x; y; y'; ... $y^{(n)}$. -----→ 13 B

16 A Die gesuchte Dgl. lautet $y''' = 0$.
Jetzt können Sie bestimmt folgende Aufgabe lösen. -----→ 16 B

---

16 B Bestimmen Sie die Dgl. der Kurvenschar $y^2 = 2px$. -----→ 15 D

---

16 C Lösen Sie nun folgende Aufgabe:
Ermitteln Sie für die Dgl.

$$y' = \frac{1}{4}(x^2 + y^2)$$

a) die Richtungselemente für die Punkte
$P_1(0;\ 1)$; $P_2(1;\ 0)$; $P_3(0;-1)$; $P_4(-1;\ 0)$;
$P_5(2;\ 2)$; $P_6(4;-4)$;

b) die Gleichung der Isoklinenschar;

c) um welche Kurven es sich bei den Isoklinen handelt;

d) die Bilder einiger Isoklinen (Skizze)!

Vergleichen Sie anschließend Ihre Ergebnisse! -----→ 19 B

---

16 D Ihr Ergebnis ist richtig. -----→ 17 C

---

16 E Rechnen Sie zunächst eine etwas einfachere Aufgabe!
Bestimmen Sie für die Dgl.

$$y' = x + y$$

a) Richtungselemente für die Punkte
$P_1(1;\ 1)$; $P_2(-1;-1)$; $P_3(1;-1)$; $P_4(2;-3)$;

b) die Gleichung der Isoklinen, die durch die angegebenen Punkte gehen;

c) die Gleichung der Isoklinenschar! -----→ 21 A

---

16 F Sie sind zu keiner der angegebenen Gleichungen gekommen. Betrachten Sie deshalb das folgende Beispiel!
Zu bestimmen ist die Dgl. für die Kurvenschar

$$y = C_1 + C_2x.$$

Da die Kurvenschar zwei Parameter enthält, sind die ersten beiden Ableitungen zu bilden: $y' =$ _ _ und $y'' =$ _ _. Die gesuchte Dgl. ist _ _ _ _ _ _ _ _.
Vergleichen Sie Ihre Ergänzungen! -----→ 14 A

Ihr Ergebnis ist richtig.
Bestimmen Sie jetzt die Dgl. der Kurvenschar

$y = C_1 + C_2x + C_3x^2$. -----→ 15 B

17 A

Sie haben die Aufgabe noch nicht bis zu Ende gelöst. Die Gleichung der Kurvenschar enthält drei Parameter, daher muß eine Dgl. dritter Ordnung entstehen.
Lösen Sie die Aufgabe zu Ende und vergleichen Sie Ihr Ergebnis erneut! -----→ 15 B

17 B

Wenn Sie sich zutrauen, eine etwas schwierigere Aufgabe dieser Art zu lösen (von Studenten der Fachrichtung Physik und der Ingenieurwissenschaften wird das erwartet), so bestimmen Sie die Dgl. zur Kurvenschar

$y = C_1 + \frac{1}{a}\cos(ax + C_2)$, wobei C_1 und C_2 Parameter sind.
-----→ 15 C

Andernfalls -----→ 14 B

17 C

Die Dgl. ist richtig.
Aus dem Satz: "Ein Produkt ist gleich null, wenn mindestens einer der Faktoren gleich null ist." folgt sofort $y''' = 0$. -----→ 17 C

17 D

Die Gleichung $p = yy'$ kann nicht die endgültige Dgl. sein, da der Parameter p noch enthalten ist. Beseitigen Sie diesen Fehler und vergleichen Sie Ihr Ergebnis erneut! -----→ 15 D

17 E

Ihr Zwischenergebnis ist richtig. Offensichtlich sind Sie nun nicht in der Lage, den Parameter C_2 zu beseitigen. Denken Sie an die Beziehung $\cos^2\alpha + \sin^2\alpha = 1$.
Rechnen Sie die Aufgabe zu Ende und vergleichen Sie Ihr Ergebnis erneut! -----→ 15 C

17 F

18 A Gesucht sind für die Dgl.

$$y' = -\frac{y}{x}$$

a) Die Richtungselemente für die Punkte $P_1(1;\ 2)$; $P_2(2;\ 1)$; $P_3(1;\ -1)$;

b) Die Gleichungen der Isoklinen für $C_1 = -2$; $C_2 = -\frac{1}{2}$; $C_3 = 1$;

c) die Bilder der Isoklinen durch P_1, P_2, P_3 und die Gleichung der Isoklinenschar.

<u>Lösungsweg:</u>

a) Die Koordinaten von P_1 werden in die Dgl. eingesetzt. Das ergibt $y' = -2$.
Das Richtungselement für P_1 ist $(1;\ 2;\ -2)$.
Analog entsteht für $P_2(2;\ 1)$ das Richtungselement _ _ _ _ _
und für $P_3(1;\ -1)$ das Richtungselement _ _ _ _ _.

b) Für $C_1 = -2$ haben wir $y' = -2$ zu setzen. Aus der gegebenen Dgl. entsteht damit $y = 2x$. Ein Richtungselement dieser Isokline ist das zum Punkt P_1 gehörende Richtungselement $(1;\ 2;\ -2)$. Nach entsprechender Rechnung finden Sie für C_2 als Isokline $y = \frac{1}{2}\,x$ und für C_3 als Isokline _ _ _ _ _ .

c)

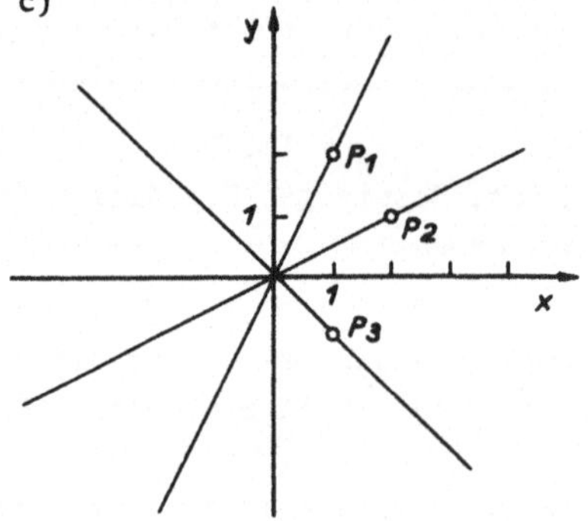

Die Gleichung der Isoklinenschar lautet
$y = -Cx$ (wegen $y' = C$), also
$y = Kx$, K reell.

-----→ 20 A

Die Aufgabe hat Ihnen offensichtlich große Schwierigkeiten bereitet. Wir sehen uns deshalb den Lösungsweg gemeinsam an! **19 A**

Zu bestimmen war die Dgl. für die Kurvenschar

$$y = C_1 + \frac{1}{a} \cos(ax + C_2).$$

Um die Parameter C_1 und C_2 zu beseitigen, benötigen wir zwei Ableitungen

$$y' = - \sin(ax + C_2) \text{ und}$$
$$y'' = - a \cos(ax + C_2).$$

Mit Hilfe der Beziehung $\cos^2\alpha + \sin^2\alpha = 1$ folgt daraus

$$(y'')^2 = a^2(1 - y'^2).$$

Das ist die gesuchte Dgl. zweiter Ordnung. -----→ 14 B

Erhielten Sie **19 B**

a) zu Punkt	als Richtungselement
$P_1(0;\ 1)$	$(0;\ 1;\ \frac{1}{4})$,
$P_2(1;\ 0)$	$(1;\ 0;\ \frac{1}{4})$,
$P_3(0;\ -1)$	$(0;\ -1;\ \frac{1}{4})$,
$P_4(-1;\ 0)$	$(-1;\ 0;\ \frac{1}{4})$,
$P_5(2;\ 2)$	$(2;\ 2;\ 2)$,
$P_6(4;\ -4)$	$(4;\ -4;\ 8)$,

b) $x^2 + y^2 = 4C$;

c) die Isoklinen als konzentrische Kreise mit dem Mittelpunkt im Koordinatenursprung und dem Radius $2\sqrt{C}$, $C > 0$;

d) die Skizze

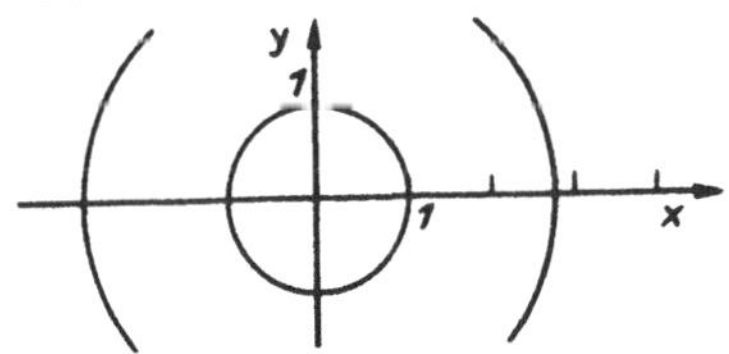

dann ist die Aufgabe in allen Teilen richtig gelöst. -----→ 22 A

Stimmen Ihre Ergebnisse nicht in allen Teilen mit den angegebenen überein, so lösen Sie die Aufgabe erneut. -----→ 16 C

Sie sind mit der Aufgabe nicht zurechtgekommen. -----→ 16 E

20 A Die richtigen Ergänzungen sind:

zu a) $(2; 1; -\frac{1}{2})$ / $(1; -1; 1)$;
zu b) $y = -x$.

Wir wollen nun zeichnerisch die allgemeine Lösung der gegebenen Dgl. $y' = -\frac{y}{x}$ folgendermaßen bestimmen:
Zeichnen des Richtungsfeldes, indem auf jeder Isokline einige Richtungselemente eingezeichnet werden. Zeichnen einiger Kurven der Kurvenschar, die "auf das gegebene Richtungsfeld paßt".

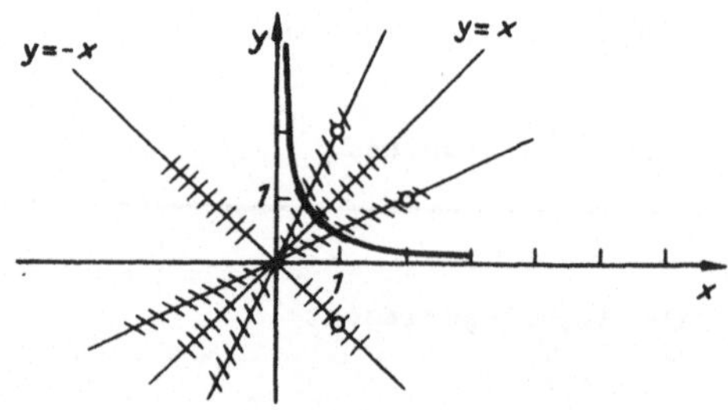

Wir vermuten als allgemeine Lösung Hyperbeln mit der Gleichung

$$y = \frac{C}{x}.$$

Das wollen wir durch Einsetzen in die gegebene Dgl. $y' = -\frac{y}{x}$ überprüfen!

$$\left.\begin{aligned} y' &= -\frac{C}{x^2} \\ -\frac{y}{x} &= -\frac{C}{x}\,\frac{1}{x}. \end{aligned}\right\}$$ Damit ist die Vermutung bestätigt.

-----→ 16 C

---

20 B Ihr Ergebnis ist teilweise richtig. Bedenken Sie, daß im Schnittpunkt der Tangente mit der x-Achse $y_T = 0$ ist.
Korrigieren Sie Ihren Fehler und vergleichen Sie Ihr Ergebnis erneut!

-----→ 23 B

---

20 C Ihre Dgl. kann nicht richtig sein. Auf der linken Seite steht eine Beschleunigung, während auf der rechten Seite Kräfte stehen.
Korrigieren Sie Ihren Fehler!

-----→ 23 C

21 A

Haben Sie für

a) zum Punkt P — das Richtungselement

$P_1(1;1)$	$(1;1;2)$,
$P_2(-1;-1)$	$(-1;-1;-2)$,
$P_3(1;-1)$	$(1;-1;0)$,
$P_4(2;-3)$	$(2;-3;-1)$;

b) die durch den Punkt P gehende Isokline

$P_1(1;1)$	$y = 2 - x$,
$P_2(-1;-1)$	$y = -2 - x$,
$P_3(1;-1)$	$y = -x$,
$P_4(2;-3)$	$y = -1 - x$;

c) die Gleichung der Isoklinenschar

$y = C - x$,

dann sind Ihre Ergebnisse richtig. Lösen Sie nun die Aufgabe, die Sie vorhin nicht bewältigen konnten. -----→ 16 C

Hatten Sie bei dieser Aufgabe wiederum Schwierigkeiten, so wiederholen Sie ab Programmschritt 14 B. -----→ 14 B

---

21 B

Ihre Dgl. enthält zwei Fehler!

Erstens ist der Luftwiderstand der Erdanziehung entgegengerichtet, und zweitens stehen in Ihrer Gleichung auf der rechten Seite Kräfte, während links eine Beschleunigung steht.

Beseitigen Sie diese Fehler und vergleichen Sie Ihr Ergebnis erneut! -----→ 23 C

---

21 C

Bestimmen Sie die Dgl. der Kurvenschar, für die die Strecke $\overline{OT}$, die auf der x-Achse durch die Kurventangente in einem beliebigen Punkt erzeugt wird, gleich dem Quadrat der Abszisse des Berührungspunktes ist! Vergleichen Sie Ihr Ergebnis. -----→ 23 B

22 A In der praktischen Arbeit werden Sie oft auf mathematische, technische oder physikalische Probleme stoßen, die sich in Form einer Dgl. erfassen lassen und dann gelöst werden müssen. Wir wollen Ihnen deshalb zeigen, wie aus einer Problemstellung die Dgl. hergeleitet wird.

<u>Lösungsweg:</u> 1. Man versucht, wenn möglich, den Sachverhalt der Aufgabenstellung in Form einer Skizze darzustellen.

2. Die sich aus der Skizze oder aus den technischen bzw. physikalischen Problemen ergebenden Beziehungen werden zusammengestellt.

3. Durch Elimination der Parameter aus den in 2. aufgestellten Beziehungen entsteht die Dgl.

Dabei soll hier auf das Lösen der Dgl. verzichtet werden.

<u>Beispiel:</u> Es ist die Dgl. der Kurvenschar zu bestimmen, bei der jeder Kurvenpunkt vom Koordinatenursprung ebensoweit entfernt ist wie der Schnittpunkt seiner Tangente mit der y-Achse vom Ursprung.

<u>Lösungsweg:</u> 1.

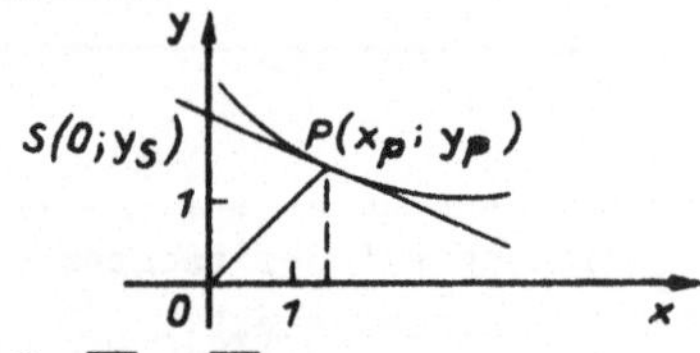

2. $\overline{OS} = \overline{OP} = y_s;$ (10)

$\overline{OP} = \sqrt{x_p^2 + y_p^2}\,;$ (11)

$-f'(x_p) = \frac{1}{x_p}(y_s - y_p)$

$\Longrightarrow y_s = y_p - f'(x_p)x_p.$ (12)

3. Mit Hilfe von (10) und (11) wird in (12) y_s ersetzt:

$\sqrt{x_p^2 + y_p^2} = y_p - f'(x_p)x_p.$

Diese Beziehung soll für alle Kurvenpunkte P gelten. Wir können desnalb die Indizes weglassen. Durch einfache Umformung entsteht die gesuchte Dgl.

$$y' = \frac{y - \sqrt{x^2+y^2}}{x}$$

Damit ist die Aufgabe gelöst. -----→ 21 C

Lautet die von Ihnen gefundene Dgl. $\dot{m} = -km$ mit der Bedingung, daß für $t = 0$ gilt $m = m_0$? **23A**

Ja ------→ 25 C

Nein ------→ 23 E

Wie lautet Ihre Dgl.? **23B**

$y' = \frac{y}{x(1-x)}$ ------→ 24 B

$y' = \frac{y-y_T}{x(1-x)}$ ------→ 20 B

Sie sind zu keiner der angegebenen Gleichungen gekommen. ------→ 24 A

Erhielten Sie **23C**

$m\dot{v} = mg - kv$ ------→ 25 A

$\dot{v} = mg - kv$ ------→ 20 C

$\dot{v} = mg + kv$ ------→ 21 B

eine andere oder keine Dgl.? ------→ 26 A

Sie müssen erhalten haben **23D**

$$y' = \frac{y}{x(1-x)}.$$

Bestimmen Sie nun selbständig die Dgl. aller Kurven, bei denen der Richtungsfaktor der Tangente in einem beliebigen Kurvenpunkt gleich dem Quadrat der Ordinate des Berührungspunktes ist!

Vergleichen Sie Ihr Ergebnis! ------→ 25 B

Beachten Sie, daß die Zerfallgeschwindigkeit des Radiums zur Zeit t gleich $\dot{m}$ ist. Damit ergibt sich die Dgl. unmittelbar aus der Aufgabenstellung, wenn man berücksichtigt, daß die Masse während des Zerfalls abnimmt. **23E**

Versuchen Sie erneut die Aufgabe zu lösen! ------→ 25 D

24 A Sie konnten die Aufgabe offensichtlich nicht bewältigen. Wir geben Ihnen deshalb einige Hilfen!

1. Skizze:

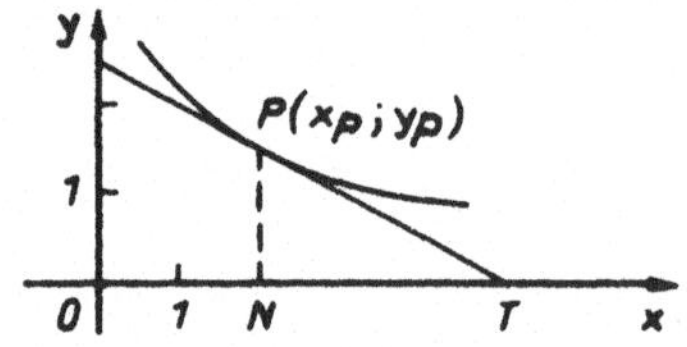

2. Es gilt die Beziehung (nach Aufgabenstellung)

$$\overline{OT} = (\overline{ON})^2.$$

3. Nach der Punktrichtungsform der Geradengleichung gilt

$$-y'(x_p) = \frac{y_p}{\overline{OT}-x_p}.$$

Stellen Sie nun die Dgl. auf! -----→ 23 D

---

24 B Sie haben die Aufgabe richtig gelöst. -----→ 24 C

---

24 C Stellen wir nun die Dgl. für ein praktisches Problem auf.

Es ist die Dgl. der kleinsten Geschwindigkeit zu bestimmen, mit der man eine Rakete mit der Masse m senkrecht nach oben schießen muß, damit sie nicht wieder zur Erde (Masse M) zurückkehrt. Der Luftwiderstand wird vernachlässigt.

Lösungsweg: Nach dem Newtonschen Gravitationsgesetz ist die Erdanziehungskraft f, die auf einen Körper der Masse m wirkt,

$$f = G\,\frac{m\,M}{R^2}.$$

Dabei ist R die Entfernung vom Erdmittelpunkt zum Schwerpunk des Körpers und G die Gravitationskonstante.

Die Beschleunigung (2. Ableitung des Weges nach der Zeit) ist negativ zu nehmen, da sie der Erdanziehung entgegen wirkt. Die Dgl. der benötigten Kraft (Masse mal Beschleunigung) für den Start der Rakete ist demnach

$$m\,\frac{d^2R}{dt^2} = -G\,\frac{m\,M}{R^2}.$$

-----→ 25 E

Ihre Dgl. ist richtig. Wir empfehlen besonders den Studenten der Fachrichtungen Physik und Ingenieurwissenschaften, weitere Anwendungsaufgaben zu lösen. -----→ 25 D **25A**

Sonst gehen Sie zum zweiten Abschnitt über! -----→ 27 A

25B

Wir nehmen an, daß Sie zu der Dgl. $y' = y^2$ gekommen sind.
Sie folgt unmittelbar aus der Aufgabenstellung. -----→ 24 C

Da Sie zum richtigen Ergebnis gelangt waren, lösen Sie nun die nächste Aufgabe. **25C**

Der skizzierte Behälter sei bis H mit Wasser gefüllt. Durch ein Loch am Boden mit dem Durchmesser 2a fließe das Wasser ab. Für die Ausflußgeschwindigkeit gelte

$v_2 = \mu \sqrt{2gh}$; μ = const.

Bestimmen Sie die Dgl., die den Wasserstand in jedem Zeitpunkt t beschreibt. -----→ 26 B

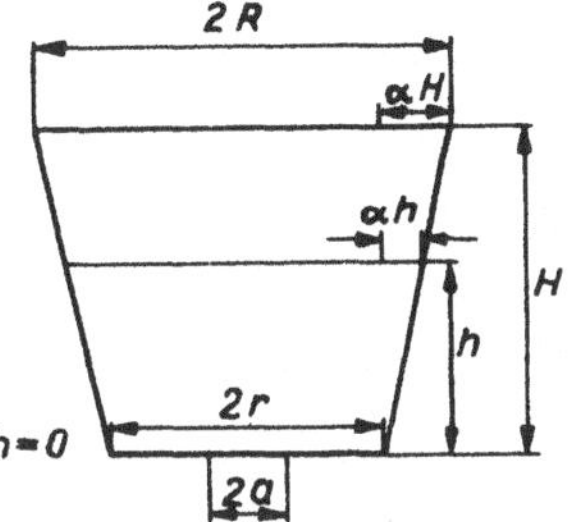

Es ist bekannt, daß die Geschwindigkeit des Zerfalls (Massenänderung pro Zeiteinheit) von Radium seiner Masse zu jeder gegebenen Zeit direkt proportional ist. Es ist die Dgl. für das Gesetz der Änderung der Masse des Radiums in Abhängigkeit von der Zeit zu bestimmen, wenn für t = 0 die Masse des Radiums gleich m_0 war. **25D**

Wie lautet Ihre Dgl.? -----→ 23 A

Nun wenden wir uns einer weiteren Aufgabe zu. **25E**

Von einer bestimmten Höhe aus springt ein Fallschirmspringer (Masse m) aus einem Flugzeug. Ihre Aufgabe ist es, festzustellen, wie die Dgl. für die Fallgeschwindigkeit v dieses Fallschirmspringers lautet, wenn auf ihn die Schwerkraft und die Bremskraft des Luftwiderstandes, die proportional der Geschwindigkeit (mit der Proportionalitätskonstante $k > 0$) ist, wirken.

Welche Dgl. erhalten Sie? -----→ 23 C

26 A Sie sind zu keinem Ergebnis gekommen. Bedenken Sie:

1. Die Schwerkraft ist mg.
2. Der Luftwiderstand ist kv.
3. Wenn v die Fallgeschwindigkeit ist, dann ist $\dot{v}$ die Fallbeschleunigung.

Überlegen Sie sich nun, wie diese drei Terme in der Dgl. auftreten! -----→ 25 E

---

26 B Die richtige Dgl. ist $-\frac{dh}{dt} = \mu\sqrt{2gh}\,\frac{a^2}{\left[\frac{R-r}{H}h+r\right]^2}$.

Haben Sie diese Dgl. erhalten? Ja, dann haben Sie sehr gewissenhaft gearbeitet und sind am Ende des ersten Abschnittes angekommen. -----→ 27 A

Nein -----→ 26 C

---

26 C Wir zeigen Ihnen, wie diese Aufgabe gelöst wird. (Aufgabenstellung und Skizze in 25 C!)

<u>Lösungsweg:</u>

Nach der Kontinuitätsgleichung gilt: $v_1F_1 = v_2F_2$

$$\Longrightarrow \quad v_1 = v_2\,\frac{F_2}{F_1}; \tag{13}$$

$$F_1 = \pi\bar{r}^2 \quad \text{und} \quad F_2 = \pi a^2; \tag{14}$$

$$\bar{r} = \alpha h + r; \tag{15}$$

$$R = \alpha H + r \quad \Longrightarrow \quad \alpha = \frac{R-r}{H}. \tag{16}$$

(16) wird in (15) eingesetzt: $\bar{r} = \frac{R-r}{H}h + r.$ (15')

(15') wird in (14) eingesetzt:

$$F_1 = \pi\left(\frac{R-r}{H}h + r\right)^2 \quad \text{und} \quad F_2 = \pi a^2. \tag{14'}$$

(14') wird in (13) eingesetzt:

$$v_1 = v_2\,\frac{a^2\pi}{\pi\left(\frac{R-r}{H}h+r\right)^2};$$

$$v_1 = \mu\sqrt{2gh}\,\frac{a^2}{\left(\frac{R-r}{H}h+r\right)^2}, \quad \text{da } v_2 = \mu\sqrt{2gh}.$$

$v_1 = -\frac{dh}{dt}$, da der Wasserstand infolge des Ausfließens einen negativen "Zuwachs" aufweist. -----→ 27 A

Methode der Trennung von Veränderlichen

Viele Beispiele aus der Praxis führen auf Dgln. mit trennbaren Veränderlichen. **27A**

Das soll Ihnen an einem Problem gezeigt werden.

Ein Kondensator C sei in Reihe mit einem Ohmschen Widerstand R_1 geschaltet. Um die Verluste des Kondensators zu berücksichtigen, wird parallel zu C ein Widerstand R_2 gelegt.

Gesucht wird die Dgl. der Kondensatorspannung U_C während des Einschaltvorganges.

<u>Lösungsweg:</u> Bereitstellung physikalischer Knnntnisse:

$i = i_R + i_C$ (1. Kirchhoffsches Gesetz),

$i_C = C \frac{dU_C}{dt}$, $\quad i_R = \frac{U_C}{R_2}$,

$$i = \frac{U_C}{R_2} + \frac{dU_C}{dt}; \qquad (1)$$

$E = iR_1 + U$ (Anwendung der Maschenregel)

$$\Longrightarrow \quad i = \frac{E-U_C}{R_1}. \qquad (2)$$

Hinführung zur Dgl.:

Gleichsetzen von (1) und (2):

$$\frac{U_C}{R_2} + C\frac{dU_C}{dt} = \frac{E-U_C}{R_1},$$

$$C\frac{dU_C}{dt} + U_C\left(\frac{1}{R_1} + \frac{1}{R_2}\right) = \frac{E}{R_1}.$$

Mit $\frac{1}{R_1} + \frac{1}{R_2} = \frac{1}{R}$ lautet die Dgl. für die

Kondensatorspannung: $CR\frac{dU_C}{dt} + U_C = E\frac{R}{R_1}$.

Das ist eine Dgl. mit trennbaren Variablen:

$\frac{dU_C}{dt} =$ _ _ _ _ _ .

-----→ 28 C

28A Sie haben die Methode der Trennung der Veränderlichen als Lösungsverfahren bei Dgln. kennengelernt. Rufen Sie sich diese noch einmal ins Gedächtnis zurück!

Dieses Verfahren läßt sich anwenden auf Dgln. der Form:

$$y' = \frac{f(x)}{g(y)} = f(x) \cdot \varphi(y),\ g(y) \neq 0.$$

Normalform einer Dgl. mit trennbaren Variablen.

Man bildet $g(y)y' = f(x)$ und integriert auf beiden Seiten nach x:

$$\int g(y)y'dx = \int f(x)dx.$$

Aus der Integration durch Substitution folgt:

$$\int g(y)dy = \int f(x)dx.$$

Setzen wir $\int g(y)dy = G(y) + C_1$ und $\int f(x)dx = F(x) + C_2$, so erhalten wir als allgemeine Lösung der gegebenen Dgl.:

$$G(y) - F(x) = C, \quad \text{wobei} \quad C = C_2 - C_1.$$

-----→ 29 A

28B Beachten Sie im folgenden Beispiel besonders die notwendigen elementaren Umformungen und die richtige Anwendung der Logarithmengesetze!

Für die Dgl. $y'(1 + x^2) \arctan x - y = 0$ wird die allgemeine Lösung gesucht!

<u>Lösungsweg:</u>

$$y'(1 + x^2) \arctan x - y = 0, \; x \neq 0; \; y \neq 0,$$

$$\int \frac{dy}{y} = \int \frac{dx}{(1+x^2) \arctan x},$$

$$\ln|y| = \ln|\arctan x| + \ln|C| \quad \text{mit } C \neq 0,$$

$$\ln|y| = \ln|C \arctan x|,$$

$$\underline{\underline{y = C \arctan x}} \quad \text{mit } C \neq 0.$$

Wie die Probe zeigt, kann man von den Einschränkungen $x \neq 0$, $y \neq 0$ und $C \neq 0$ abgehen. Überprüfen Sie das!

Wenn Sie alle Umformungen verstanden haben, können Sie weitergehen,

-----→ 30 D

28C Die richtige Ergänzung lautet: $\frac{E R - U_C R_1}{C R R_1}$

-----→ 28 A

Lösen wir nun folgende Aufgabe gemeinsam! **29A**

Gegeben ist die Dgl.: $xy' - y = 0$. Gesucht ist die allgemeine Lösung der Dgl.!

Lösungsweg:

1. $xy' - y = 0$ mit $x \neq 0$,
   $y' = \frac{1}{x} y$. Damit wurde die Normalform der Dgl. hergestellt.
2. Es erfolgt die Trennung der Variablen:- - - - --- 30 E
3. Beide Seiten der Gleichung werden nach x integriert unter Beachtung von $y'dx = dy$.

$$\int \frac{dy}{y} = \int \frac{dx}{x},$$

$$\left.\begin{aligned} \ln|y| &= \ln|x| + C, \\ |y| &= |x| e^C, \\ e^C &= \bar{C} \quad \text{mit} \quad \bar{C} > 0, \\ |y| &= \bar{C}|x|. \end{aligned}\right\} \quad \text{oder} \quad \left\{\begin{aligned} &\ln|y| = \ln|x| + \ln|C| \\ &\text{mit} \quad C \neq 0, \\ &|y| = |Cx|. \end{aligned}\right.$$

Durch Fallunterscheidung in beiden Betragsgleichungen entsteht

$y = Kx$, K reell, $K \neq 0$.

Durch Einsetzen in die Dgl. erkennt man, daß $y = 0$ ebenfalls Lösung der Dgl. ist. Wir können deshalb von der Einschränkung $K \neq 0$ abgehen.

Wie man sieht, führen beide Rechnungen (gleichgültig wie die Integrationskonstante geschrieben wurde) zum gleichen Ergebnis. Man sollte jedoch versuchen, diese Konstante von vornherein günstig zu wählen. Es empfiehlt sich, die Konstante mit $\ln|C|$ anzusetzen, wenn die abhängige Variable im Argument der Logarithmusfunktion auftritt. -----→ 29 B

Lösen Sie die Dgl. $xy' + y = 0$. **29B**

Vergleichen Sie Ihr Ergebnis! -----→ 33 B

Ihre Ergänzungen müssen lauten: **29C**

$$\frac{y'}{2y+1} = -\frac{1}{x+1} \ / \ \frac{dy}{2y+1} \quad \frac{dx}{x+1}$$

30 A Im folgenden Beispiel achten Sie bitte auf die richtige Trennung der Variablen und die richtige Anwendung der Logarithmengesetze! Die Dgl. $(x + 1)y' + 2y + 1 = 0$ ist zu integrieren!

<u>Lösungsweg:</u>

$(x + 1)y' + 2y + 1 = 0,$

$(x + 1)y' = -2y - 1, \quad x \neq -1, \quad y \neq -\frac{1}{2}.$

Nach Trennung der Veränderlichen entsteht

$\_\_\_\_\_$ und $\int \_\_\_ = -\int \_\_\_.$ --- 29 C

$\frac{1}{2} \ln|2y + 1| = -\ln|x + 1| + \ln|\bar{C}|$ mit $\bar{C} \neq 0,$

$\ln|2y + 1| = -2 \ln|x + 1| + 2 \ln|\bar{C}|,$

$\ln|2y + 1| = \ln \left|\frac{\bar{C}^2}{(x+1)^2}\right|, \quad |2y + 1| = \frac{\bar{C}^2}{(x+1)^2},$

$\underline{y = \frac{K}{(x+1)^2} - \frac{1}{2},} \quad K = \pm \frac{\bar{C}^2}{2}.$

Ist $\bar{C} = 0$, so ergibt sich $K = 0$, und wir erhalten $y = -\frac{1}{2}$, was ebenfalls Lösung der gegebenen Dgl. ist. -----→ 29 B

---

30 B Ihre Gleichung ist als Zwischenergebnis richtig. Lösen Sie nach y auf und vergleichen Sie erneut.

-----→ 32 B

---

30 C Ihr Ergebnis ist richtig. Sie können die nächste Aufgabe in Angriff nehmen! ------→ 30 D

---

30 D Gesucht ist die allgemeine Lösung der Dgl.

$(1 + e^x)yy' = e^x.$ ------→ 32 A

---

30 E Ihre Ergänzung muß lauten:

$\frac{1}{y} y' = \frac{1}{x}$ mit $y \neq 0.$

Obwohl die Aufgabe sehr einfach ist, haben Sie einen Fehler gemacht. Beachten Sie: Nach Trennung der Variablen entsteht **31A**

$$yy' = \frac{e^x}{1+e^x} .$$

Lösen Sie die entstehenden Integrale (evtl. durch geeignete Substitution)! -----→ 32 A

Die Partialbruchzerlegung ergibt **31B**

$$\frac{1}{x^2+x} = \frac{1}{x} - \frac{1}{x+1}.$$

Lösen Sie die Dgl. bis zu Ende. Sie lautete

$$(x^2 + x)y' = 3y - 1.$$ -----→ 32 B

Sie sind zu einem falschen Ergebnis gelangt. Die Ursache dafür ist die ungenügende Beherrschung elementarer Gesetze der Integration. Wir wiederholen deshalb: Das unbestimmte Integral ist gleich der Menge aller Stammfunktionen: **31C**

$$\int f(x)dx = F(x) + C.$$

C muß sofort nach der Integration hinzugefügt werden und darf nicht erst nach elementaren Umformungen in der Gleichung erscheinen. Am Abschnitt 28 B wird Ihnen das erneut gezeigt.
Arbeiten Sie diesen Abschnitt gründlich durch! -----→ 28 B

Ihr Ergebnis ist fehlerhaft. **31D**
Bevor Sie diese Aufgabe nochmals durchrechnen, schauen Sie sich gründlich die am Anfang dieses Übungsprogrammes wiederholten Logarithmengesetze an, und arbeiten Sie das folgende Beispiel durch! --- Seite 6 --→ 28 B

Ihr Ergebnis ist falsch. Sie beherrschen die Anwendung der Logarithmengesetze noch nicht. Arbeiten Sie am Anfang dieses Übungsprogrammes den Teil durch, der sich mit der Wiederholung der Logarithmengesetze beschäftigt! **31E**
Arbeiten Sie danach weiter im Programm! --- Seite 6 --→ 30 A

32A Haben Sie als Ergebnis:

$y = \pm\sqrt{2\ \ln(1 + e^x)} + C$ -----→ 31 C

$y^2 = 2\ C\ \ln(1 + e^x)$ -----→ 31 D

$y^2 = 2\ \ln(1 + e^x) + C$ oder

$y = \pm\sqrt{2\ \ln(1 + e^x) + C}$ oder

$y^2 = 2\ \ln[C(1 + e^x)]$ -----→ 35 A

keines der angegebenen. -----→ 31 A

32B Vergleichen Sie die Ergebnisse:

$y = \frac{Cx^3}{(x+1)^3} + \frac{1}{3}$ -----→ 34 A

$\frac{1}{3}\ \ln|3y - 1| = \ln|x| - \ln|1 + x| + \ln|C|$ -----→ 30 B

Haben Sie ein anderes Ergebnis, dann haben Sie Fehler beim Integrieren gemacht.
Führen Sie für das Integral $\int \frac{dx}{x^2+x}$ die Partialbruchzerlegung des Integranden durch und vergleichen Sie diese! -----→ 31 B

32C Lösen Sie die Dgl. $(1 + x^2)y' + 1 + y^2 = 0$ mit der Anfangsbedingung $x_0 = 0$ und $y_0 = 1$.
Vergleichen Sie aber zunächst die allgemeine Lösung!
-----→ 35 D

32D Sie haben kein oder ein falsches Ergebnis.
Beachten Sie: Nach Trennung der Variablen erhalten Sie

$\int \frac{dy}{2y+1} = \int \cot x\ dx$ mit $y \neq -\frac{1}{2}$, $x \neq k\pi$ (k ganz).

Auf beiden Seiten der Gleichung entstehen Integrale der Form $\int \frac{f'(t)}{f(t)}\ dt$ mit $f(t) \neq 0$, die sich auf bekannte Art lösen lassen. Versuchen Sie, die Aufgabe zu Ende zu lösen unter Beachtung der gegebenen Anfangsbedingung $x_0 = \frac{\pi}{4}$; $y_0 = \frac{1}{2}$. -----→ 36 B

33A

Haben Sie als Ergebnis

$U_C = E \frac{R}{R_1} (1 - e^{-\frac{t}{CR}})$?   Ja   -----→ 36 C

Nein   -----→ 33 C

33B

Lautet Ihr Ergebnis

$y = \frac{K}{x}$ oder $y = \frac{1}{Cx}$ mit $C \neq 0$ -----→ 30 C

$y = -Cx$ oder $y = \frac{1}{x} + C$ -----→ 31 E

Sollten Sie ein anderes Ergebnis vorliegen haben, oder sind Sie mit der Aufgabe nicht zurecht gekommen, dann sehen Sie sich noch ein Beispiel an!   -----→ 30 A

33C

Da Sie nicht zum richtigen Ergebnis gekommen sind, lösen wir die Aufgabe gemeinsam.

$$CR \frac{dU_C}{dt} + U_C = E \frac{R}{R_1},$$

$$CR \frac{dU_C}{dt} = E \frac{R}{R_1} - U_C,$$

$$\int \frac{dU_C}{E \frac{R}{R_1} - U_C} = \frac{1}{CR} \int dt \quad \text{mit} \quad U_C \neq \frac{R}{R_1} E,$$

$$-\ln\left|E \frac{R}{R_1} - U_C\right| = \frac{1}{CR} t - \ln|K| \quad \text{mit} \quad K \neq 0,$$

$$\ln\left|E \frac{R}{R_1} - U_C\right| = \ln|K| - \frac{1}{CR} t.$$

Wir setzen schon hier die Anfangsbedingung $t_0 = 0$, $U_{C_0} = 0$ ein (das vereinfacht oft die Rechnung).

Führen Sie das aus und berechnen Sie selbständig K. -----→ 35 E

34A Sie haben die Aufgabe richtig gelöst und können sich nun mit dem Lösen von Dgln. mit trennbaren Variablen, die von vorgegebenen Anfangsbedingungen abhängig sind, beschäftigen. Sehen Sie sich dazu ein Beispiel an!

Von der Dgl. $2y'\sqrt{x} = y$ ist die partikuläre Lösung zu bestimmen, die der Anfangsbedingung $y(4) = 1$ oder, was das gleiche bedeutet, $x_0 = 4$ und $y_0 = 1$ genügt!

<u>Lösungsweg:</u>

Zunächst wird die allgemeine Lösung der Dgl. bestimmt.

$2y'\sqrt{x} = y$ mit $x > 0$, $y \neq 0$,

$2 \int \frac{dy}{y} = \int x^{-\frac{1}{2}} dx.$

Wie Sie wissen, läßt sich die Konstante verschieden ansetzen.

$2 \ln|y| = 2\sqrt{x} + K;$ $\qquad 2 \ln|y| = 2\sqrt{x} + 2 \ln|C|$, $C \neq 0$;

$\underline{y = e^{\sqrt{x}+\frac{K}{2}}}$, $x > 0$; $\qquad \underline{y = Ce^{\sqrt{x}}}$, $x > 0$.

Die partikuläre Lösung wird nun durch Einsetzen der Anfangsbedingung in die allgemeine Lösung und Berechnung der Konstanten ermittelt. Wir wollen Ihnen dabei zeigen, daß wir zwar für C und K unterschiedliche Werte erhalten, die aber zur gleichen partikulären Lösung führen.

$y_0 = e^{\sqrt{x_0}+\frac{K}{2}}$;	$y_0 = Ce^{\sqrt{x_0}}$;
$1 = e^{\sqrt{4}+\frac{K}{2}}$;	$1 = Ce^{\sqrt{4}}$;
$\ln 1 = \sqrt{4} + \frac{K}{2}$;	$C = e^{-2}$;
$K = -4$;	$y = e^{-2}e^{\sqrt{x}}$;
$\underline{y = e^{\sqrt{x}-2}}$, $x > 0$;	$\underline{y = e^{\sqrt{x}-2}}$, $x > 0$.

Damit müßten Sie das Lösungsprinzip für Dgln. bei gegebener Anfangsbedingung verstanden haben. -----→ 32 C

Ihre gewissenhafte Arbeit hat sich gelohnt. Das Ergebnis ist richtig. Sie können die nächste Aufgabe lösen. **35A**

Die Dgl. $(x^2 + x)y' = 3y - 1$ ist zu integrieren! -----→ 32 B

Sie sind offensichtlich mit dem Bestimmen von arctan 0 und arctan 1 nicht zurecht gekommen. **35B**
Bedenken Sie, das Aufsuchen von arctan t bedeutet, den Winkel im Bogenmaß zu suchen, dessen Tangens gleich t ist. Bestimmen Sie mit diesem Hinweis C und die partikuläre Lösung. -----→ 38 A

Ihr Ergebnis ist richtig. **35C**
Lösen Sie nun die in 27 A aufgestellte Dgl.

$$CR \frac{dU_C}{dt} + U_C = E \frac{R}{R_1}$$

mit der Anfangsbedingung $t_o = 0$, $U_{C_o} = 0$. -----→ 33 A

Die allgemeine Lösung lautet **35D**

$$\arctan y = -\arctan x + C$$

$$\text{bzw.} \quad y = \tan [C - \arctan x].$$

Ermitteln Sie nun daraus die partikuläre Lösung für $y(0) = 1$.
-----→ 36 A

Sollten Sie nicht zu diesem Ergebnis gekommen sein, dann haben Sie entweder die Trennung der Variablen nicht richtig durchgeführt oder Sie kennen die Grundintegrale nicht.
Überprüfen Sie Ihre Rechnung! -----→ 32 C

Für die Komstante müssen Sie erhalten haben **35E**

$$K = E \frac{R}{R_1}.$$

Setzen Sie das in die allgemeine Lösung

$$\ln\left|E \frac{R}{R_1} - U_C\right| = \ln|K| - \frac{1}{CR} t$$

ein und lösen Sie nach U_C auf! -----→ 33 A

36A Haben Sie:

$y = \frac{1-x}{1+x}$ -----→ 35 C

$y = \tan\left(\frac{\pi}{4} - \arctan x\right)$ -----→ 35 C

Sie haben die Anfangsbedingung in die allgemeine Lösung eingesetzt: $\arctan 1 = -\arctan 0 + C$
bzw. $1 = \tan(C - \arctan 0)$.
Beim Bestimmen von C kommen Sie nun nichr weiter. -----→ 35 B

36B Ist Ihr Ergebnis

$y = 2 \sin^2 x - \frac{1}{2}$ -----→ 35 C

$y = C \sin^2 x - \frac{1}{2}$ -----→ 38 B

hier nicht angegeben? -----→ 32 D

36C Ihr Ergebnis ist richtig.
Bevor Sie die folgenden Übungsaufgaben lösen, legen Sie erst eine Pause von 10 Minuten ein.

1. $x + yy' = 0$.
2. $xy' - 2y = 0$ mit der Anfangsbedingung $y(-1) = 5$.
3. $y \ln y - xy' = 0$ mit $y > 0$.
4. $(\cos^2 x)y' - 1 = 0$ mit der Anfangsbedingung $y(0) = 1$.

Wenn Sie mit den Aufgaben 1 bis 4 nicht zurechtkommen, dann lösen Sie zunächst die folgenden Zusatzaufgaben mit geringerem Schwierigkeitsgrad:

5. $y' = y$.
6. $y' - x^2 y = 0$.

Nachdem Sie die Aufgaben gelöst haben, vergleichen Sie die Ergebnisse! -----→ 38 C

37A

1. Aufgabe

	Punkte
$\int \frac{dy}{y} = 2 \int \frac{dx}{x^3}$ mit $x \neq 0$, $y \neq 0$,	2
$\ln\|y\| = -\frac{1}{x^2} + \ln\|C\|$ mit $C \neq 0$,	2
$y = Ce^{-x^{-2}}$, C reell.	2

2. Aufgabe

$\int \frac{dy}{y \ln y} = \int \frac{dx}{\sin x}$ mit $x \neq k\cdot\pi$ (k ganz), $y \neq 1$,	2
$\ln\|\ln y\| = \ln\|\tan \frac{x}{2}\| + \ln\|C\|$ mit $C \neq 0$,	5
$\ln y = C \tan \frac{x}{2}$,	2
$y = e^{C \tan \frac{x}{2}}$,	2
$C = 1$,	2
$y = e^{\tan \frac{x}{2}}$.	1
Gesamtpunktzahl	20

Bewerten Sie Ihre Leistungen selbst nach dem Ihnen bekannten Bewertungsmaßstab!

-----→ 37 B

37B

Die folgenden Dgln. sind zu lösen und die Arbeiten beim Betreuer abzugeben:

1. $y'\sqrt{a^2 + x^2} = y$.
2. $(\sin y \cos x)y' - \cos y \sin x = 0$.
3. $x(1 + x) - y(1 + y)y' = 0$ mit der Anfangsbedingung $y(1) = 1$.

-----→ 40 A

38 A

Sie müssen erhalten haben:

$C = \frac{\pi}{4}$, da arctan 0 = 0 und arctan 1 = $\frac{\pi}{4}$,

und als partikuläre Lösung $y = \tan(\frac{\pi}{4} - \arctan x)$ bzw. nach Anwendung des Additionstheorems $y = \frac{1-x}{1+x}$.

Bestimmen Sie nun noch die partikuläre Lösung der Dgl.

$y' = (2y + 1) \cot x$, die der Anfangsbedingung $x_0 = \frac{\pi}{4}$ und $y_0 = \frac{1}{2}$ genügt!

-----→ 36 B

38B

Sie sind mit dem Lösen der Aufgabe noch nicht an Ende. Beachten Sie, daß eine spezielle Lösung, die der Anfangsbedingung $x_0 = \frac{\pi}{4}$ und $y_0 = \frac{1}{2}$ genügt, gesucht war.

-----→ 36 B

38C

Die Lösungen sind:

Aufgabe	Lösung
1	$y^2 + x^2 = C$
2	$y = 5x^2$
3	$y = e^{Cx}$
4	$y = \tan x + 1$
5	$y = Ce^x$
6	$y = Ce^{\frac{1}{3}x^3}$

Wenn Sie alle Aufgaben richtig gelöst haben, dann -----→ 39 A

Wenn nicht, dann korrigieren Sie zuerst Ihre Fehler und setzen Sie sich gegebenenfalls mit Ihrem Betreuer in Verbindung.

Leistungskontrolle (Zeitdauer 20 Min.): **39 A**

1. Bestimmen Sie die allgemeine Lösung der Dgl.

   $y'x^3 - 2y = 0.$

2. Bestimmen Sie die partikuläre Lösung der Dgl.

   $y' \sin x - y \ln y = 0$ mit der Anfangsbedingung

   $x_0 = \frac{\pi}{2}, \quad y_0 = e.$

   Hinweis:

   $\int \frac{dx}{\sin x}$ wird gelöst durch die Substitution

   $\tan \frac{x}{2} = t$, wobei $\sin x = \frac{2t}{1+t^2}$ und $dx = \frac{2dt}{1+t^2}$

   sind.

Vergleichen Sie das Ergebnis Ihrer Arbeit! -----→ 37 A

Ähnlichkeitsdifferentialgleichungen

40 A Wir wollen Ihnen zeigen, wie man aus einem geometrischen Problem auf eine Ähnlichkeitsdifferentialgleichung kommt.

Es ist die Dgl. aller Kurven zu bestimmen, für die $\overline{PR}$ Tangentenabschnitt ist und zugleich $\overline{QR}$ senkrecht auf $\overline{OP}$ steht. (Q ist der Fußpunkt des Lotes von P auf der x-Achse.)

<u>Lösungsweg:</u>

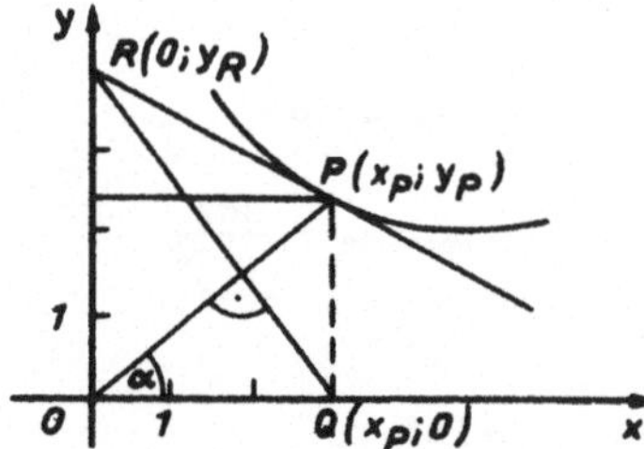

Es gilt $y' = \dfrac{y_P - y_R}{x_P - x_R}$, (1)

Aus Δ OPQ folgt $\tan\alpha = \dfrac{y_P}{x_P}$,

aus Δ RQO folgt $\tan\alpha = \dfrac{x_P}{y_R}$, $\Longrightarrow \dfrac{y_P}{x_P} = \dfrac{x_P}{y_R}$. (2)

Da der Punkt P variabel ist, kann man x_P durch x und y_P durch y ersetzen. Außerdem ist $x_R = 0$.

Damit wird aus (1) $y' = \dfrac{y - y_R}{x}$ (1')

und aus (2) $x^2 = yy_R$. (2')

Löst man die Gleichung (2') nach y_R auf und setzt für y_R den erhaltenen Wert in (1') ein, so entsteht die Dgl.

_ _ _ _ _.

-----→ 43 D

Dgln., die sich auf die Normalform **41A**

$$\boxed{y' = f\left(\frac{y}{x}\right) \quad \text{mit } x \neq 0} \qquad (3)$$

bringen lassen, werden als Ähnlichkeitsdgln. oder "homogene" Dgln. bezeichnet.

Lösungsweg: Substitution:

$$\boxed{\frac{y}{x} = z} \quad \Longrightarrow \quad y' = xz' + z \qquad (4)$$

(4) in (3) eingesetzt ergibt $xz' + z = f(z)$.
Das ist eine Dgl. mit trennbaren Variablen.

Daraus entsteht $\int \frac{dz}{f(z)-z} = \int \frac{dx}{x}$.

z(x) wird errechnet und anschließend die Substitution rückgängig gemacht.

Wenn Sie meinen, eine Aufgabe lösen zu können, so -----→ 41 B

Wollen Sie sich vorher noch ein Beispiel ansehen, so -----→ 42 A

Lösen Sie die in 40 A hergeleitete Dgl. **41B**

$y' = \frac{y}{x} - \frac{x}{y}$. -----→ 42 B

Sie haben offensichtlich schon bei einfachen Aufgaben große Schwierigkeiten. Beginnen Sie die Arbeit noch einmal. **41C**

--- 41 A --→ 42 A

Ihr Ergebnis ist richtig. $y = \frac{1}{10}(y^2 + x^2)$ läßt sich aber durch Umformung auf $(y - 5)^2 + x^2 = 25$ bringen. **41D**
Das ist die Gleichung des Kreises durch den Ursprung mit dem Mittelpunkt M(0; 5) auf der y-Achse. -----→ 43 B

Ihr Ergebnis ist falsch. Sie haben $y' = z'$ gesetzt. Durch die Substitution $\frac{y}{x} = z$ wird aber $y' = xz' + z$. **41E**
Rechnen Sie die Aufgabe noch einmal! -----→ 41 B

42A Zu bestimmen ist die allgemeine Lösung der Dgl.

$$x^2y' - y^2 - xy = x^2.$$

Lösungsweg:

$$x^2y' - y^2 - xy = x^2,$$

$$y' = \frac{y^2}{x^2} + \frac{y}{x} + 1. \qquad (5)$$

Einsetzen der Substitution $\frac{y}{x} = z$, $y' =$ _ _ _ _ _

in (5) ergibt _ _ _ _ _ , und durch Vereinfachung folgt:

_ _ _ _ _ . Das ist eine Dgl. mit trennbaren Variablen.

----- 44 E

$$\int \frac{dz}{z^2+1} = \int \frac{dx}{x},$$

$$\arctan z = \ln|x| + \ln|C| \quad \text{mit } C \neq 0,$$

$$z = \tan(\ln|Cx|),$$

$$\underline{y = x\tan(\ln|Cx|)} \quad \text{mit } \underline{C \neq 0}.$$

-----→ 41 B

42B Zu welchem Ergebnis sind Sie gekommen:

$y^2 = 2x^2\ln\lvert\frac{C}{x}\rvert$ oder	
$y^2 = 2x^2(\ln\lvert C\rvert - \ln\lvert x\rvert)$ mit $C \neq 0$	-----→ 45 E
$z^2 = 2(\ln\lvert C\rvert - \ln\lvert x\rvert)$ mit $C \neq 0$	-----→ 44 C
$y^2 = x^2(Ce^{2x} + 1)$ mit $C \neq 0$	-----→ 41 E
Sie haben kein oder ein anderes Ergebnis.	-----→ 45 A

42C Haben Sie

$y = \frac{1}{10}(y^2 + x^2)$	-----→ 41 D
$y = \frac{1}{16}(x + y)^2$	-----→ 47 C
als allgemeine Lösung $y = C(y^2 + x^2)$? Ja	-----→ 45 B
Nein	-----→ 43 A

43A

Da Sie die allgemeine Lösung der zuletzt bearbeiteten Dgl. nicht gefunden haben, lösen wir eine ähnliche Aufgabe gemeinsam. Gesucht ist die allgemeine Lösung der Dgl. $yy' = 2y - x$.

Lösungsweg:

$$yy' = 2y - x \quad \text{mit} \quad y \neq 0,$$

$$y' = 2 - \frac{x}{y}, \quad \text{Substitution } \frac{y}{x} = z,\ y' = xz' + z,$$

$$xz' + z = 2 - \frac{1}{z},$$

$$xz' = \frac{2z-1-z^2}{z},$$

$$\int \frac{-z\,dz}{(z-1)^2} = \int \frac{dx}{x}.$$

Das Integral auf der linken Seite läßt sich mit Hilfe einer Partialbruchzerlegung oder durch die Substitution $z - 1 = t$ lösen. Führen Sie die Partialbruchzerlegung durch! -----→ 46 B

43B

Bestimmen Sie die allgemeine Lösung der Dgl.

$$\frac{ds}{dt} = \frac{s}{t} - \frac{t}{3s}.$$

Stören Sie sich nicht an der anderen Bezeichnungsweise für die abhängige und unabhängige Variable. -----→ 44 B

43C

Haben Sie

$y = \frac{x}{C - \ln|x|}$ oder $y = \frac{-x}{\ln|Cx|}$ mit $C \neq 0$ -----→ 45 E

$y^2 = x^2 - Cx^3$ -----→ 45 C

kein oder ein anderes Ergebnis? -----→ 41 C

43D

Die gesuchte Dgl. lautet $y' = \frac{y}{x} - \frac{x}{y}$. Das ist eine Dgl. der Form $y' = f(\frac{y}{x})$. -----→ 41 A

44 A Sie werden gewiß beim Lösen der folgenden Aufgaben keine Schwierigkeiten haben, wenn Sie weiter gewissenhaft arbeiten!

Nr.	Aufgabe	Anfangsbedingung
1	$xy' = xe^{\frac{y}{x}} + y + x$	keine
2	$-xy' = x \cos \frac{y}{x} - y + x$	keine
3	$xy' = y(1 + \ln \frac{y}{x})$	$x_o = 1,\ y_o = \frac{1}{\sqrt{e}}$
4	$x^2y' = y^2 - xy$	$x_o = -1,\ y_o = 1$
Zusatzaufgaben mit geringerem Schwierigkeitsgrad		
5	$xyy' + y^2 + x^2 = 0$	keine
6	$x^2y' + y^2 + xy + x^2 = 0$	keine.

Vergleichen Sie Ihre Ergebnisse! -----→ 47 A

---

44 B Haben Sie $s^2 = \frac{2}{3} t^2 \ln|\frac{C}{t}|$ mit $C \neq 0$ oder ein äquivalentes Ergebnis, dann haben Sie die Aufgabe richtig gelöst. -----→ 45 D

Haben Sie das richtige Ergebnis nicht erhalten, dann beachten Sie: Die Substitution lautet $z = \frac{s}{t}$; daraus ergibt sich $\dot{s} = t\dot{z} + z$.

Die weitere Rechnung ist einfach. -----→ 43 B

---

44 C Ihr Zwischenergebnis ist richtig. Sie müssen jedoch noch die Rücksubstitution durchführen. Vergleichen Sie danach erneut!

-----→ 42 B

---

44 D Bestimmen Sie die partikuläre Lösung der Dgl.

$(y^2 - x^2)y' + 2xy = 0$ mit $y(3) = 1$. -----→ 42 C

---

44 E Ihre Ergänzungen müssen lauten:

$xz' + z$ / $xz' + z = z^2 + z + 1$ / $xz' = z^2 + 1$.

Wir rechnen Ihnen die Aufgabe vor. Zu bestimmen war die allgemeine Lösung der Dgl. $y' = \frac{y}{x} - \frac{x}{y}$. **45A**

Lösungsweg:

$y' = \frac{y}{x} - \frac{x}{y}$, Substitution $\frac{y}{x} = z$, $y' = xz' + z$,

$xz' + z = z - \frac{1}{z}$,

$xz' = - \frac{1}{z}$; Dgl. mit trennbaren Variablen.

$\int z\,dz = - \int \frac{dx}{x}$,

$\frac{z^2}{2} = - \ln|x| + \ln|C|$ mit $C \neq 0$,

$y^2 = 2x^2 \ln|\frac{C}{x}|$ mit $C \neq 0$. -----→ 45 F

Die von Ihnen errechnete allgemeine Lösung ist richtig. **45B**
Es wurde jedoch die partikuläre Lösung, die der Anfangsbedingung $y(3) = 1$ genügt, gesucht.
Rechnen Sie die Aufgabe zu Ende! -----→ 42 C

Ihr Ergebnis ist falsch. Sie haben einen elementaren Integrationsfehler gemacht. Überprüfen Sie Ihre Rechnung und vergleichen Sie erneut! -----→ 43 C **45C**

Bestimmen Sie die allgemeine Lösung der Dgl. **45D**

$xy' = x \sin \frac{y}{x} + y$. -----→ 46 A

Ihr Ergebnis ist richtig -----→ 44 D **45E**

Lösen Sie nun selbständig die Dgl. **45F**

$x^2y' - y^2 - xy = 0$. -----→ 43 C

46 A Das richtige Ergebnis lautet

$$y = 2x \arctan Cx \quad \text{mit } x \neq 0.$$ -----→ 44 A

Haben Sie ein anderes Ergebnis, dann vergleichen Sie die folgenden Zwischenergebnisse:

Normalform: $y' = \sin \frac{y}{x} + \frac{y}{x}$.

Nach der Substitution und einfachen Umformungen entsteht
$xz' = \sin z$.

Durch Trennung der Variablen entsteht $\int \frac{dz}{\sin z} = \int \frac{dx}{x}$.

Das erste Integral läßt sich durch die Substitution
$\tan \frac{z}{2} = t$ lösen (siehe 39 A).

Nachdem Sie die Aufgabe zu Ende gelöst haben, müssen Sie zu dem oben angegebenen Ergebnis gekommen sein.

---

46 B Die Partialbruchzerlegung lautet

$$\frac{-z}{(z-1)^2} = \frac{-1}{z-1} - \frac{1}{(z-1)^2}.$$

Zu dieser Zerlegung wären wir auch durch folgende elementare Umformungen gekommen:

$$-\frac{z}{(z-1)^2} = -\frac{z-1+1}{(z-1)^2} = -\left[\frac{z-1}{(z-1)^2} + \frac{1}{(z-1)^2}\right].$$

Wir erhalten also, wenn wir die Rechnung aus 43 A fortsetzen,

$$-\left[\int \frac{dz}{z-1} + \int \frac{dz}{(z-1)^2}\right] = \int \frac{dx}{x},$$

$$-\ln|z-1| + \frac{1}{z-1} = \ln|x| + \ln|C| \quad \text{mit } C \neq 0,$$

$$\frac{1}{z-1} = \ln|Cx(z-1)|,$$

$$\frac{x}{y-x} = \ln|C(y-x)|,$$

$$\underline{\underline{y - x = \frac{x}{\ln|C(y-x)|} \quad \text{mit } C \neq 0.}}$$

Nachdem Sie sich nochmals gründlich mit dem Lösungsweg vertraut gemacht haben, besteht Ihre Aufgabe darin, die schon einmal begonnene Dgl. zu lösen. -----→ 44 D

Aufg.	Dgl. nach Substitution	Lösung
1	$xz' = e^z + 1$	$e^{\frac{y}{x}} = \frac{Cx}{1-Cx}$ bzw. $y = x \ln \frac{x}{K-x}$
2	$xz' = -\cos z - 1$	$1 = \cos \frac{y}{x} - (C + \ln x) \sin \frac{y}{x}$
3	$xz' = z \ln z$	$y = xe^{-\frac{x}{2}}$ (allg. Lsg.: $y = xe^{Cx}$), $x \neq 0$
4	$xz' = z^2 - 2z$	$y = \frac{2x}{1-3x^2}$ (allg. Lsg.: $y = \frac{2x}{1+Cx^2}$), $x \neq 0$
5	$xz' = -2z - \frac{1}{z}$	$C = x^2(2y^2 + x^2)$, $C \neq 0$
6	$xz' = -z^2 - 2z - 1$	$\frac{x}{y+x} = \ln x + C$, $y = \frac{x}{C+\ln x} - x$

47A

Haben Sie Ihre Aufgaben richtig gelöst? Ja -----→ 47 B

Wenn das nicht der Fall ist, dann ergründen Sie die von Ihnen gemachten Fehler. Wenn notwendig, setzen Sie sich mit Ihrem Betreuer in Verbindung!

47B

Die folgenden Aufgaben sind zu lösen und beim Betreuer abzugeben.

1. Gesucht ist die allgemeine Lösung der Dgl.

$$xy' \cos \frac{y}{x} = y \cos \frac{y}{x} - x.$$

2. Ermitteln Sie die allgemeine Lösung der Dgl.

$$y + \sqrt{x^2 + y^2} - xy' = 0 \quad \text{mit } x > 0.$$ -----→ 48 A

47C

Ihr Ergebnis ist falsch. Sie haben gekürzt, obwohl sich $(1 + z^2)$ nicht in Linearfaktoren zerlegen läßt.

Beachten Sie $\frac{1-z^2}{z(1+z^2)} \neq \frac{1-z}{z(1+z)}$. -----→ 44 D

Lineare Differentialgleichungen erster Ordnung

48 A Eine lineare Dgl. erster Ordnung hat die Normalform

$$\boxed{y' + p(x)y = q(x)} \ .$$

Dabei sind $p(x)$ und $q(x)$ beliebige stetige Funktionen.
Ist $q(x) \equiv 0$, so nennt man die Dgl. <u>homogen</u>.
Diese homogene Dgl. $y' + p(x)y = 0$ wird mit Hilfe der Methode der Trennung der Variablen gelöst.
Ist $q(x) \not\equiv 0$, so nennt man die Dgl. <u>inhomogen</u>, und $q(x)$ heißt <u>Störfunktion</u>.

Allgemein läßt sich die inhomogene lineare Dgl. erster Ordnung mittels des Verfahrens der Variation der Konstanten (von Lagrange) oder mittels des Bernoullischen Produktansatzes lösen.

-----→ 48 B

---

48 B Beantworten Sie folgende Fragen schriftlich:

a) Beschreiben Sie den Lösungsweg zur Bestimmung der allgemeinen Lösung einer inhomogenen linearen Dgl. erster Ordnung nach der Methode der Variation der Konstanten!

b) Wie erhält man aus der allgemeinen Lösung der Dgl. die partikuläre Lösung, die der Anfangsbedingung $y(a) = b$ genügt?

-----→ 50 A

---

48 C Sie haben einen Fehler bei der Berechnung von $C(x)$ gemacht.
Das Integral $\int 4xe^{-2x}dx$ wurde von Ihnen falsch gelöst.
Überprüfen Sie diesen Teil Ihrer Rechnung!
Korrigieren Sie Ihr Ergebnis für $C(x)$ und bestimmen Sie die allgemeine Lösung!

-----→ 51 B

Nehmen Sie die vorliegenden Hilfen in Anspruch! **49 A**

1. Die Lösung der zugehörigen homogenen Dgl. muß lauten $\bar{y} = \frac{C}{x}$ (Logarithmengesetze!).
2. Ihr Lösungsansatz muß $y = \frac{C(x)}{x}$ heißen.
3. Die erste Ableitung des Lösungsansatzes muß mit Hilfe der Quotientenregel berechnet werden.

   Sie lautet $y' = \frac{xC'(x) - C(x)}{x^2}$.

Rechnen Sie die Aufgabe selbständig zu Ende! -----→ 51 A

Das ist bereits die zweite Aufgabe, die Sie nicht lösen konnten. **49 B**
Verfolgen Sie Ihren Rechenweg an Hand folgender Zwischenergebnisse:

Normalform: $y' - 2y = 4x$.

Lösung der zugehörigen homogenen Dgl.: $\bar{y} = Ce^{2x}$.

Die Variation der Konstanten ergibt mit

$$y' = C'(x)e^{2x} + 2C(x)e^{2x}$$

$$C(x) = 4 \int xe^{-2x}dx.$$

Dieses Integral wird mittels partieller Integration gelöst. Es wurde bereits in 52 A vorgerechnet.
Lösen Sie mit diesen Hilfen die Dgl. zu Ende und vergleichen Sie erneut! -----→ 51 B

Lösen Sie die Dgl. **49 C**

$$y' + \frac{y}{x} = x^2.$$

-----→ 51 D

Ihre allgemeine Lösung ist richtig. Beim Bestimmen der partikulären Lösung ist Ihnen sicher nur ein elementarer Rechenfehler unterlaufen. Kontrollieren Sie Ihre Rechnung und vergleichen Sie Ihr neues Ergebnis! **49 D** -----→ 51 C

50 A Ihre Antworten müssen sinngemäß beinhalten:

a) Vorarbeit: Wenn notwendig, Normalform der Dgl. herstellen:

$$y' + p(x)y = q(x).$$

1. Die zugehörige homogene Dgl. bilden:

$$y' + p(x)y = 0.$$

2. Allgemeine Lösung der zugehörigen homogenen Dgl. nach der Methode der Trennung der Variablen bestimmen:

$$\bar{y} = Ce^{-\int p(x)dx}.$$

3. Lösungsansatz aufstellen (Variation der Konstanten):

$$y = C(x)e^{-\int p(x)dx}.$$

4. Erste Ableitung des Lösungsansatzes bilden!
Lösungsansatz und seine erste Ableitung in die Normalform der gegebenen Dgl. einsetzen, nach $C'(x)$ auflösen und durch Integration $C(x)$ bestimmen.

5. Durch Einsetzen von $C(x)$ in den Lösungsansatz erhält man die allgemeine Lösung der inhomogenen linearen Dgl. 1. Ordnung:

$$\underline{\underline{y = \left[\int q(x)e^{\int p(x)dx}dx + K\right] e^{-\int p(x)dx}}}.$$

Bei diesem Lösungsweg haben Sie in 4. eine Rechenkontrolle: Nach Einsetzen des Lösungsansatzes und seiner Ableitung in die Dgl. müssen sich die Summanden, die $C(x)$ enthalten, aufheben.

b) Anfangsbedingung in die allgemeine Lösung einsetzen und so den speziellen Wert der Integrationskonstanten bestimmen und die partikuläre Lösung formulieren.

Wollen Sie sich erst noch ein Beispiel ansehen, und das empfehlen wir Ihnen unbedingt, wenn Sie beim Beantworten der Fragen Schwierigkeiten hatten, dann -----→ 52 A

Sonst können Sie die erste Aufgabe lösen. -----→ 49 C

Die Lösung der Dgl. heißt **51A**

$$y = \frac{1}{4}x^3 + \frac{K}{x}.$$ -----→ 53 C

Vergleichen Sie Ihr Ergebnis: **51B**

$y = K - 2x - 1$ -----→ 53 D

$y = 4x - 4 + Ke^{2x}$ -----→ 48 C

$y = Ke^{2x} - 2x - 1$ -----→ 53 E

Sie haben keines der vorgegebenen Ergebnisse erhalten. -----→ 49 B

Haben Sie als partikuläre Lösung **51C**

$$y = \frac{1-x+\ln|x+1|}{x-1},$$

dann haben Sie richtig gerechnet. -----→ 54 B

Haben Sie als allgemeine Lösung

$$y = \frac{K-x+\ln|x+1|}{x-1},$$ so -----→ 49 D

Sollten Sie nicht zu diesen Ergebnissen gekommen sein, dann überprüfen Sie noch einmal Ihre Rechnung! Beachten Sie beim Umschreiben der Dgl. auf die Normalform die binomischen Formeln! -----→ 55 B

Lautet Ihr Ergebnis **51D**

$y = \frac{x^3}{4} + \frac{K}{x}$ -----→ 53 E

$y = \frac{x^3}{4} + K$ -----→ 53 B

Haben Sie ein anderes Ergebnis? -----→ 49 A

Die richtigen Ergänzungen sind: **51E**

homogene Dgl. / homogene Dgl. / Trennung der Variablen / Lösungsansatz / Lösungsansatz differenziert / C(x) / Lösungsansatz / allgemeine Lösung -----→ 49 C

52 A Zu bestimmen ist die allgemeine Lösung der linearen Dgl. erster Ordnung

$$xy' + y - xe^{-2x} = 0.$$

<u>Lösungsweg:</u>

Vorarbeit: Herstellen der Normalform $y' + \frac{y}{x} = e^{-2x}$, $x \neq 0$.

1. $y' + \frac{y}{x} = 0$. Wir haben die zur gegebenen Dgl. gehörende _ _ _ _ _ _ _ _ _ _ _ _ gebildet.

2. $y' = -\frac{y}{x}$

   $\frac{y'}{y} = -\frac{1}{x}$ mit $y \neq 0$,

   $\int \frac{y'dx}{y} = -\int \frac{dx}{x}$,

   $\bar{y} = \frac{C}{x}$. Damit wurde die zugehörige _ _ _ _ _ durch die Methode der _ _ _ _ _ _ _ _ _ _ _ gelöst.

3. $y = \frac{C(x)}{x}$. Wir haben den _ _ _ _ _ _ _ _ _ _ hergestellt.

4. $y' = \frac{C'(x)}{x} - \frac{C(x)}{x^2}$. Wir haben den _ _ _ _ _ _ _ _ _ _ _ _ _ und setzen in die Normalform der Dgl. ein:

   $\frac{C'(x)}{x} - \frac{C(x)}{x^2} + \frac{C(x)}{x^2} = e^{-2x}$,

   $C'(x) = xe^{-2x}$,

   $C(x) = -\frac{1}{2}xe^{-2x} - \frac{1}{4}e^{-2x} + K$.

5. $y = \frac{K - 2xe^{-2x} - e^{-2x}}{4x} = \frac{-\frac{1}{2}xe^{-2x} - \frac{1}{4}e^{-2x} + K}{x}$.

   Wir haben _ _ _ _ _ in den _ _ _ _ _ eingesetzt und die _ _ _ _ _ _ _ _ _ _ _ _ _ _ der gegebenen Dgl. erhalten.

Vergleichen Sie, ob Sie die fehlenden Begriffe richtig eingesetzt haben! --------→ 51 E

Gesucht ist die partikuläre Lösung der Dgl. **53A**

$$xy' + 2y - xe^{x^3-8} = 0,$$

die der Anfangsbedingung $y(2) = 0$ genügt. -----→ 54 A

Sie haben einen Fehler gemacht! **53B**

Aus $C(x) = \frac{1}{4}x^4 + K$ kann Ihr Ergebnis nicht folgen.

Wir hatten gesagt: Der für C(x) gefundene Ausdruck wird in den Lösungsansatz eingesetzt.

Im speziellen Fall heißt das:

$$y = \frac{C(x)}{x} = \frac{\frac{1}{4}x^4 + K}{x} = \frac{x^3}{4} + \frac{K}{x}.$$

Verbessern Sie Ihr Ergebnis! -----→ 53 C

Bestimmen Sie die allgemeine Lösung der Dgl. **53C**

$$y' = 4x + 2y.$$

Hilfe: Bringen Sie die Dgl. auf die Form

$$y' + p(x)y = q(x).$$ -----→ 51 B

Ihr Ergebnis ist falsch. **53D**

Entweder haben Sie bei der Berechnung von C(x) die Integrationskonstante K nicht unmittelbar angefügt oder beim Einsetzen von C(x) in den Lösungsansatz $y = C(x)e^{2x}$ falsch ausmultipliziert.

Beseitigen Sie Ihren Fehler! -----→ 51 B

Ihr Ergebnis ist richtig. **53E**

Lösen Sie die nächste Aufgabe! -----→ 53 A

Ihr Ergebnis ist falsch. **53F**

Bei der Berechnung von C(x) haben Sie beim Substituieren einen Fehler gemacht.

Korrigieren Sie Ihre Rechnung! -----→ 54 A

54A Welches Ergebnis haben Sie?

$y = \frac{3}{x^2}e^{x^3-8} - \frac{3}{x^2}$ -----→ 53 F

$y = \frac{1}{3x^2}e^{x^3-8} - \frac{1}{3x^2}$ -----→ 56 D

$y = \frac{1}{3x^2}e^{x^3-8}$ -----→ 56 C

Sind Sie zur allgemeinen Lösung

$y = \frac{1}{3x^2}e^{x^3-8} + \frac{K}{x^2}$ gekommen? Ja -----→ 56 A

Nein -----→ 55 A

54B Lösen Sie die Dgl. $y'\cos x - y \sin x = \sin 2x$. -----→ 56 B

54C Ihr Ergebnis ist falsch. Arbeiten Sie deshalb folgendes Beispiel durch und versuchen Sie, Ihre Fehler zu ergründen! Gesucht ist die allgemeine Lösung der linearen Dgl. erster Ordnung $y' + (\tan x)y = \sin 2x$.

Lösungsweg:

1. $y' + (\tan x)y = 0$.
2. $\int \frac{dy}{y} = - \int \tan x \, dx$ mit $y \neq 0$,

   $\bar{y} = C \cos x$.
3. $y = C(x)\cos x$.
4. $y' = C'(x)\cos x - C(x)\sin x$,

   $C'(x)\cos x - C(x)\sin x + C(x)\cos x \tan x = \sin 2x$,

   $C'(x)\cos x = \sin 2x$ mit $x \neq \frac{\pi}{2}(2k + 1)$, k ganz,

   $C'(x) = 2 \sin x$, da $\sin 2x = 2 \sin x \cos x$,

   $C(x) = - 2 \cos x + K$.
5. $y = (- 2 \cos x + K)\cos x$,

   $y = K \cos x - 2 \cos^2 x$. -----→ 54 B

Sie haben die allgemeine Lösung nicht richtig berechnet. **55A**

Verfolgen Sie Ihre Rechnung an Hand folgender Zwischenergebnisse:

Normalform der Dgl.:

$$y' + 2\,\frac{y}{x} = e^{x^3-8}, \quad x \neq 0.$$

Allgemeine Lösung der zugehörigen homogenen Dgl.:

$$\ln|y| = -2|\ln|x| + \ln|C|, \; C \neq 0 \quad \text{bzw.} \quad \bar{y} = \frac{C}{x^2}.$$

Nach Variation der Konstanten erhält man

$$C'(x) = x^2 e^{x^3-8} \quad \text{und daraus}$$

$$C(x) = \frac{1}{3} e^{x^3-8} + K.$$

Allgemeine Lösung der inhomogenen Dgl.:

$$y = \frac{1}{3x^2} e^{x^3-8} + \frac{K}{x^2}.$$

Durch Einsetzen der Anfangsbedingung entsteht

$$K = -\frac{1}{3}.$$

Damit erhält man als partikuläre Lösung

$$y = \frac{1}{3x^2} e^{x^3-8} - \frac{1}{3x^2}.$$

Arbeiten Sie gewissenhafter! -----→ 55 B

Berechnen Sie die partikuläre Lösung der Dgl. **55B**

$$(x^2 - 1)y' + (x + 1)y + x = 0,$$

die der Anfangsbedingung $x_0 = 0$, $y_0 = -1$ genügt! -----→ 51 C

Ihre Lösung der zur gegebenen Dgl. gehörenden homogenen Gleichung **55C**

war $\bar{y} = \dfrac{C}{\cos x}$.

Das ist richtig. Sie haben jedoch einen Fehler beim Integrieren, bei der Berechnung von C(x), gemacht. Rechnen Sie deshalb diesen Teil der Aufgabe noch einmal! -----→ 54 B

56A Ihre allgemeine Lösung ist richtig.
Die partikuläre Lösung erhalten Sie durch das Einsetzen der Anfangsbedingung $y(2) = 0$ in die allgemeine Lösung. Das dürfte Ihnen keine Schwierigkeiten bereiten, wenn Sie die Gesetze der Bruchrechnung beachten. -----→ 54 A

56B Haben Sie als Ergebnis:

$$y = \frac{K_1 - \cos 2x}{2 \cos x} \quad \text{oder}$$

$$y = \frac{K_2 + \sin^2 x}{\cos x} \quad \text{oder}$$

$$y = \frac{K_3}{\cos x} - \cos x$$ -----→ 59 A

$$y = \frac{K - 2\cos 2x}{\cos x}$$ -----→ 55 C

Sie haben keines der vorliegenden Ergebnisse. -----→ 54 C

56C Ihr Ergebnis ist falsch.
Sie haben entweder beim Berechnen von $C(x)$ die Integrationskonstante K weggelassen oder beim Einsetzen der Anfangsbedingung in die allgemeine Lösung einen Fehler gemacht.
Überlegen Sie sich genau, welchen Wert e^0 hat! -----→ 54 A

56D Sie sind zum richtigen Ergebnis gelangt. Lösen Sie nun die nächste Aufgabe! -----→ 54 B

56E Die Lösung dieser Anfangswertaufgabe ist

$$i = \frac{U_0 L\omega}{L^2\omega^2 + R^2}\left(\frac{R}{L\omega}\sin\ \omega t - \cos \omega t + e^{-\frac{R}{L}t}\right).$$

Haben Sie dieses Ergebnis erhalten?
Ja, dann haben Sie sehr gewissenhaft gearbeitet. -----→ 60 A
Nein -----→ 57 A

Sie sind nicht zum richtigen Ergebnis gekommen. **57A**
Vergleichen Sie deshalb Ihre Aufzeichnungen mit folgenden Zwischenergebnissen:

Normalforn der Dgl.:

$$\frac{di}{dt} + \frac{Ri}{L} = \frac{U_o}{L} \sin \omega t \text{ mit } i(0) = 0.$$

Zugehörige homogene Dgl.:

$$\frac{di}{dt} + \frac{Ri}{L} = 0.$$

Allgemeine Lösung der zugehörigen homogenen Dgl.:

$$\bar{i} = Ce^{-\frac{R}{L}t}.$$

Variation der Konstanten:

$$i = C(t)e^{-\frac{R}{L}t},$$

$$\frac{di}{dt} = \dot{C}(t)e^{-\frac{R}{L}t} - \frac{R}{L}C(t)e^{-\frac{R}{L}t}.$$

Nach Einsetzen in die inhomogene Dgl. und Vereinfachung ergibt sich

$$\dot{C} = \frac{U_o}{L} \sin \omega t \, e^{\frac{R}{L}t},$$

$$C = \frac{U_o}{L} \frac{e^{\frac{R}{L}t}}{\omega^2 + \frac{R^2}{L^2}} \left(\frac{R}{L} \sin \omega t - \omega \cos \omega t\right) + K.$$

Allgemeine Lösung der inhomogenen Dgl.:

$$i = \frac{U_o L\omega}{L^2\omega^2 + R^2} \left(\frac{R}{L\omega} \sin \omega t - \cos \omega t\right) + Ke^{-\frac{R}{L}t}.$$

Durch Einsetzen der Anfangsbedingung erhält man

K = _ _ _ _ _ . -----→ 59 B

58A Lösungen der Übungsaufgaben:

Aufg.	Allgemeine Lösung der zugehörigen homogenen Dgl.	Lösung der gegebenen inhomogenen Dgl.
1	$\bar{y} = Ce^{-x}$	$ye^{x} = x + K$
2	$\bar{y} = Cx^{a}$	$y = kx^{a} + \frac{x}{1-a} - \frac{1}{a}$; $a \neq 0$; $a \neq 1$
3	$\bar{s} = Ct^{2}$	$s = \frac{1}{t} + Kt^{2}$ partikuläre Lösung: $s = \frac{1}{t} + 2t^{2}$
4	$\bar{y} = Cx^{3}$	$y = -x^{2} + Kx^{3}$
5	$\bar{y} = Ce^{-x^{2}}$	$y = e^{-x^{2}}(\frac{1}{2}x^{2} + K)$
6	$\bar{y} = \frac{C}{\sqrt{a^{2}+x^{2}}}$	$y = \frac{\ln K(x+\sqrt{a^{2}+x^{2}})}{\sqrt{a^{2}+x^{2}}}$
7	$\bar{i} = Ce^{-\frac{R}{L}t}$	$i = \frac{K}{R}t - \frac{KL}{R^{2}} + Ce^{-\frac{R}{L}t}$ partikuläre Lösung: $i = \frac{K}{R}t + \frac{KL}{R^{2}}(e^{-\frac{R}{L}t} - 1)$.

Wenn Sie zu den Aufgaben 1-3 mehr als ein Ergebnis falsch haben, sollten Sie sich die Zeit nehmen, diesen Abschnitt nochmals von vorn durchzuarbeiten. Gewiß benötigen Sie dazu bedeutend weniger Zeit als beim ersten Durchlauf. -----→ 48 A

Sind Sie mit den gestellten Aufgaben im wesentlichen zurecht gekommem, empfehlen wir, eine kleine Pause einzulegen, damit Sie sich danach mit voller Konzentration der Leistungskontrolle unterziehen können. -----→ 58 B

58B Leistungskontrolle:

Bemühen Sie sich, die Arbeitszeit von 30 Minuten einzuhalten!

Folgende Dgln. sind zu lösen:

1. $y' + 2\frac{y}{x} = \frac{1}{x}e^{-x^{2}}$.   2. $y' + y\cos x = \sin 2x$. -----→ 61 A

Ihr Ergebnis ist richtig. **59A**

Lösen Sie nun noch eine Anwendungsaufgabe!

Lineare Dgln. erster Ordnung treten u. a. bei einer Reihe von Problemen der Elektrotechnik auf.

Aufgabe:

An einem Stromkreis mit dem Ohmschen Widerstand R und der Induktivität L werde eine Wechselspannung $U = U_0 \sin \omega t$ angelegt. Welche Stromstärke i stellt sich nach genügend langer Zeit ein?

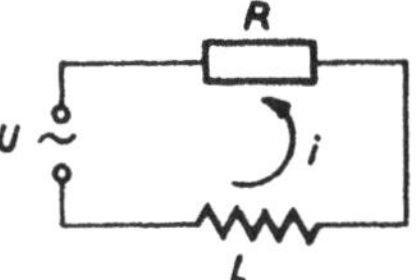

Lösungsweg:

Außer in R entsteht auch in L ein Spannungsabfall.

Er hat den Wert $L \frac{di}{dt}$.

In der Skizze gibt der Pfeil die positive Stromrichtung (i) an. Für den Spannungsabfall über R und L gilt

$U = Ri + L \frac{di}{dt}$, also $L\frac{di}{dt} + Ri = U_0 \sin \omega t$.

Das ist eine lineare Dgl. 1. Ordnung.

Im Augenblick des Anlegens der Spannung - das geschehe zur Zeit $t = 0$ - fließt noch kein Strom, so daß die Anfangsbedingung $i(0) = 0$ gilt.

Lösen Sie nun diese Dgl. mit der angegebenen Anfangsbedingung selbständig! Sie stoßen dabei auf ein Integral der Form

$$\int e^{ax} \sin bx \, dx = \frac{e^{ax}}{a^2+b^2} (a \sin bx - b \cos bx) + K.$$

-----→ 56 E

Ihre Ergänzung muß lauten **59B**

$$\frac{U_0 L\omega}{\omega^2 L^2 + R^2}.$$

Schreiben Sie nun noch die partikuläre Lösung auf! -----→ 56 E

60A Lösen Sie die folgenden Obungsaufgaben:

1. $y' + y = e^{-x}$. 2. $xy' - ay = x + 1, \quad a \neq 0$.

3. $t^2 \frac{ds}{dt} = 2ts - 3$ mit der Anfangsbedingung $s(-1) = 1$.

Zusatzaufgaben für die leistungsschwächeren Studenten:

4. $xy' - 3y = x^2$. 5. $y' + 2xy = xe^{-x^2}$

Zusatzaufgaben mit höherem Schwierigkeitsgrad:

6. $(a^2 + x^2)y' + xy = 1$.

7. Die Stromstärke i in einem Stromkreis mit dem Widerstand R, der Selbstinduktion L und der elektromotorischen Kraft E genügt der Dgl.

$$L \frac{di}{dt} + Ri = E.$$

Lösen Sie diese Gleichung, indem Sie R und L als Konstanten, die elektromotorische Kraft E als linear wachsende Größe betrachten: $E = Kt$.

Anfangsbedingung: $i_o = 0$ für $t_o = 0$. -----→ 58 A

60B Die folgenden linearen Dgln. sind zu lösen:

1. $xy' + y = x \sin x$. 2. $(x^2 + 1)y' + xy = x(x^2 + 1)$.

Fertigen Sie sich nach vorliegendem Schema eine Tabelle an, in die Sie die geforderten Ergebnisse eintragen und geben Sie diese bei Ihrem Betreuer ab!

	1. Aufgabe	2.Aufgabe
1) Lösung der zugehörigen homogenen Dgl.	$\bar{y}$ = _ _ _ _ _	$\bar{y}$ = _ _ _ _ _
2) 1. Ableitung des Lösungsansatzes	y'= _ _ _ _ _	y'= _ _ _ _ _
3)	C(x) = _ _ _	C(x) = _ _ _
4) Die allgemeine Lösung der gegebenen Dgl.	y = _ _ _ _ _	y = _ _ _ _ _

Sie sind am Ende des Kapitels "Lineare Dgln. 1. Ordnung" angekommen. -----→ 63 A

Vergleichen Sie Ihr Ergebnis und bewerten Sie Ihre Arbeit! **61A**

1. Aufgabe:	**Punkte**
1. $y' + \frac{2y}{x} = 0.$	1
2. $\bar{y} = \frac{C}{x^2}.$	2
3. $y = \frac{C(x)}{x^2}.$	1
4. $y' = \frac{C'(x)}{x^2} - \frac{2C(x)}{x^3},$	1
$C(x) = -\frac{1}{2}e^{-x^2} + K.$	2
5. $y = \frac{K - e^{-x^2}}{2x^2}.$	2
2. Aufgabe:	
1. $y' + y\cos x = 0.$	1
2. $\bar{y} = Ce^{-\sin x}.$	2
3. $y = C(x)e^{-\sin x}.$	1
4. $y' = -C(x)\cos x\, e^{-\sin x} + C'(x)e^{-\sin x},$	1
$C'(x) = \sin 2x\, e^{\sin x},$	1
$C(x) = 2\sin x\, e^{\sin x} - 2e^{\sin x} + K.$	3
5. $y = 2(\sin x - 1) + Ke^{-\sin x}.$	2
	20

Bewerten Sie Ihre Leistungen selbst nach dem Ihnen bekannten Bewertungsmaßstab! -----→ 62 A

62A Wir wollen noch kurz erläutern, wie inhomogene lineare Dgln. erster Ordnung mit Hilfe des Bernoullischen Produktansatzes gelöst werden können.

Gesucht ist die allgemeine Lösung der Dgl. $y' + p(x)y = q(x)$.

Ansatz:

$$\boxed{y = u(x)\ v(x)}\ ; \tag{1}$$

dabei soll $v(x)$ Lösung der zugehörigen homogenen Dgl. sein.

$$y' = u'(x)\ v(x) + u(x)\ v'(x).$$

Ansatz und seine Ableitung werden in die Dgl. eingesetzt:

$$u'(x)\ v(x) + u(x)\ v'(x) + p(x)\ u(x)\ v(x) = q(x).$$

Daraus folgt

$$u(x)\left[v'(x) + p(x)\ v(x)\right] + u'(x)\ v(x) = q(x). \tag{2}$$

Da nach Voraussetzung $v(x)$ Lösung der zugehörigen homogenen Dgl. sein soll, läßt sich (2) zerlegen in eine homogene lineare Dgl. für $v(x)$

$$v'(x) + p(x)\ v(x) = 0 \tag{3}$$

mit der Lösung

$$\underline{\underline{v(x) = e^{-\int p(x)dx}}} \tag{4}$$

und in eine Dgl.

$$u'(x)\ v(x) = q(x). \tag{5}$$

(4) in (5) eingesetzt ergibt

$$u'(x)\ e^{-\int p(x)dx} = q(x),$$

$$u'(x) = q(x)\ e^{\int p(x)dx},$$

$$\underline{\underline{u(x) = \int q(x)\ e^{\int p(x)dx}dx + K.}} \tag{6}$$

Zur Bestimmung der allgemeinen Lösung werden (4) und (6) in (1) eingesetzt:

$$y = \left[\int q(x)e^{\int p(x)dx}dx + K\right]e^{-\int p(x)dx}$$

Es bleibt Ihnen selbst überlassen, welche Aufgaben (49 C; 53 A; 54 B; 60 A) dieses Kapitels Sie nach diesem Verfahre noch einmal lösen wollen. Sie kommen in jedem Fall zum gleichen Ergebnis wie nach dem ersten Verfahren. -----→ 60 B

Exakte Differentialgleichungen und integrierender Faktor

63A

Wie Sie wissen, ist eine Dgl.

$$f(x;y) + g(x;y)y' = 0,$$

die in der Normalform

$$\boxed{f(x;y)dx + g(x;y)dy = 0} \qquad (1)$$

geschrieben werden kann, genau dann eine exakte (vollständige oder totale) Dgl., wenn $f(x;y)$ und $g(x;y)$ die Integrabilitätsbedingung

$$\boxed{f_y(x;y) = g_x(x;y)} \qquad (2)$$

erfüllen. Das ist dann der Fall, wenn die linke Seite von (1) das totale Differential

$$dF = \frac{\partial F}{\partial x}dx + \frac{\partial F}{\partial y}dy$$

einer Funktion $F(x;y)$ ist. Es sind also

$$f(x;y) = F_x(x;y) \quad \text{und} \quad g(x;y) = F_y(x;y).$$

Andererseits gilt für jede Funktion $F(x;y)$, falls die gemischten partiellen Ableitungen zweiter Ordnung stetige Funktionen von x und y sind,

$$\frac{\partial^2 F}{\partial x\,\partial y} = \frac{\partial^2 F}{\partial y\,\partial x},$$

d. h. im Fall der Dgl. (1) muß die Integrabilitätsbedingung (2) erfüllt sein.

Hinweis: Da bei einer exakten Dgl. das totale Differential der Lösungsfunktion gleich null ist, ist $F(x;y) = \text{const.}$ ------→ 64 A

63B

Integrabilitätsbedingung / $f_y = g_x$. ------→ 63 C

63C

Überprüfen Sie, ob die folgenden Dgln. exakt sind, d. h. prüfen Sie, ob für die folgenden Dgln. die Integrabilitätsbedingung erfüllt ist. Auf das Lösen der Dgln. wollen wir hier noch verzichten.

1. $x(x + 2y)dx + (x^2 - y^2)dy = 0.$
2. $2x \cos^2 y\,dx + (2y - x^2 \sin 2y)dy = 0.$
3. $\left[2y \ln(x + y) + y\right]dx + \left[x \ln(x + y) + 3y \ln(x + y) + y\right]dy = 0.$

------→ 64 C

64A Merksatz: Dann und nur dann, wenn die Integrabilitätsbedingung erfüllt ist, ist die Dgl. eine exakte.

Deshalb ist die erste Aufgabe, die der Lösung vorausgeht, zu überprüfen, ob die vorliegende Dgl. die _ _ _ _ _ erfüllt, d.h., es ist zu überprüfen, ob gilt: _ _ _ _ _.

Vergleichen Sie die von Ihnen ergänzten Begriffe. -----→ 63 B

64B Haben Sie als Ergebnis

$F(x;y) = \frac{1}{4}x^4e^y - x = C$ -----→ 66 B

$F(x;y) = x^3e^y - y = C$ -----→ 67 H

$F(x;y) = 3x^2e^y = C$ -----→ 66 B

Sie haben keines der vorliegenden Ergebnisse. -----→ 64 D

64C 1. Dgl. ist exakt, denn es gilt

$$f_y = 2x = g_x.$$

2. Dgl. ist exakt, denn es gilt

$$f_y = -4x\cos y\sin y = -2x\sin 2y = g_x.$$

3. Dgl. ist nicht exakt, denn es gilt $f_y \neq g_x$ mit

$$f_y = 2\ln(x+y) + 2\frac{y}{x+y} + 1 \quad \text{und}$$

$$g_x = \ln(x+y) + \frac{x}{x+y} + 3\frac{y}{x+y}.$$

Haben Sie in allen Fällen die richtige Entscheidung getroffen?

Ja -----→ 66 A

Nein. Dann haben Sie gewiß falsch differenziert.
Gehen Sie noch einmal in die Aufgabe zurück! -----→ 63 C

64D Sie sind zu keinem richtigen Ergebnis gelangt.
Offensichtlich macht Ihnen das Lösen exakter Dgln. noch Schwierigkeiten. Sehen Sie sich deshalb noch einmal gründlich das Beispiel an. -----→ 65 A

Bestimmen Sie die Lösung der Dgl. **65A**

$$e^{-y}dx + (1 - xe^{-y})dy = 0.$$

<u>Lösungsweg:</u>

Untersuchung, ob die Dgl. exakt ist.

$f(x;y) = e^{-y}$, $g(x;y) = 1 - xe^{-y}$,

$f_y(x;y) = - e^{-y}$, $g_x(x;y) = - e^{-y}$,

also $f_y(x;y) = g_x(x;y)$, d. h. die Dgl. ist exakt.

Zum Lösen der Dgl. gibt es zwei Möglichkeiten:

1) $F(x;y) = \int e^{-y}dx$,

$F(x;y) = xe^{-y} + G(y)$,

$F_y(x;y) = -xe^{-y} + G'(y) = 1 - xe^{-y} = g(x;y)$,

$G'(y) = 1$,

$G(y) = \int dy = y + K$,

$F(x;y) =$ _ _ _ _ _ $= C^*$,

$F(x;y) =$ _ _ _ _ _ $= C$.

2) $F(x;y) = \int (1 - xe^{-y})\, dy$

$F(x;y) = y + xe^{-y} + H(x)$,

$F_x(x;y) = e^{-y} + H'(x) = e^{-y} = f(x;y)$,

$H'(x) = 0$,

$H(x) = K$,

$F(x;y) =$ _ _ _ _ _ $= C^*$

$F(x;y) =$ _ _ _ _ _ $= C$.

-----→ 66 D

66A Eine exakte Dgl. läßt sich folgendermaßen lösen:
Da $f(x;y) = F_x(x;y)$ gilt, folgt

$$F(x;y) = \int f(x;y)dx + G(y). \qquad (3)$$

Wird $F(x;y)$ partiell nach y differenziert, dann ergibt sich

$$F_y(x;y) = \frac{\partial}{\partial y}\int f(x;y)dx + G'(y) = g(x;y) \quad \text{mit}$$

$$G'(y) = \frac{dG(y)}{dy}.$$

Daraus läßt sich G(y) berechnen, indem man nach G'(y) auflöst und nach y integriert. Es entsteht eine Funktion, die <u>nur</u> von y abhängig ist.
Das Ergebnis in (3) eingesetzt, liefert die Lösung der Dgl.
Analog verläuft die Rechnung, wenn man von g(x;y) ausgeht.
Es gilt dann:

$$F(x;y) = \int g(x;y)\,dy + H(x).$$

Man wählt jeweils den Weg, bei dem die Integrale möglichst einfach auszuwerten sind.
Sehen Sie sich dazu nun ein Beispiel an! -----→ 65 A

66B Ihr Ergebnis ist falsch.
Sie haben die Integranden vertauscht. Achten Sie darauf, daß

$$F(x;y) = \int f(x;y)dx + G(y) \quad \text{oder}$$
$$F(x;y) = \int g(x;y)dy + H(x) \quad \text{gilt!}$$

Lösen Sie die Aufgabe noch einmal! -----→ 66 C

66C Lösen Sie die Dgl.

$$3x^2e^ydx + (x^3e^y - 1)dy = 0.$$

-----→ 64 B

66D Ihre Ergänzungen müssen lauten:

$$xe^{-y} + y + K \;/\; xe^{-y} + y \;/\; y + xe^{-y} + K \;/\; y + xe^{-y}.$$

Sie sehen, daß man auf beiden Wegen zum gleichen Ergebnis kommt.
-----→ 66 C

Das ist falsch. Beachten Sie: $\sin 2y = 2 \sin y \cdot \cos y$. **67A**

Die Normalform der Dgl. lautet

$2x \cos^2 y\, dx + (2y - x^2 \sin 2y)dy = 0.$ ------→ 68 A

Ihr Ergebnis ist richtig. ------→ 67 C **67B**

Bestimmen Sie die Lösung der Dgl. **67C**

$2x \cos^2 y\, dx + (2y - x^2 \cdot \sin 2y)dy = 0.$ ------→ 68 A

Das richtige Ergebnis lautet **67D**

$F(x;y) = xe^x + xy^3 = C.$ ------→ 67 C

Sollten Sie nicht zu diesem Ergebnis gekommen sein, raten wir Ihnen, den gesamten Abschnitt noch einmal gründlich durchzuarbeiten. ------→ 66 A

Da Sie nicht zum richtigen Ergebnis gekommen sind, vermuten wir, daß Sie elementare Integrationsfehler gemacht haben. Überprüfen Sie daraufhin Ihre Rechnung noch einmal! ------→ 67 G **67E**

Ihr Ergebnis ist falsch. **67F**

Haben Sie untersucht, ob die vorliegende Dgl. exakt ist?

Ja ------→ 69 C

Nein ------→ 67 C

Bestimmen Sie die Gesamtheit der Lösungen der Dgl. **67G**

$3x^2y - 6xy^3 + y + (x^3 - 9x^2y^2 + x)y' = 0.$ ------→ 68 C

Ihr Ergebnis ist richtig. **67H**

Arbeiten Sie ebenso gewissenhaft weiter. ------→ 67 G

68A Haben Sie

Dgl. ist nicht exakt ------→ 67 A

$F(x;y) = x^2\cos^2 y + y^2 = C$ oder

$F(x;y) = y^2 + \frac{1}{2}x^2\cos 2y + \frac{1}{2}x^2 = C$ oder

$F(x;y) = x^2 - x^2\sin^2 y + y^2 = C$ ------→ 71 C

Haben Sie ein anderes Ergebnis? ------→ 67 F

68B Das richtige Ergebnis ist

$F(x;y) = x \sin y + y \cos x + y = C$ ------→ 67 G

Sollten Sie nicht zu diesem Ergebnis gekommen sein, raten wir Ihnen, den gesamten Abschnitt noch einmal gründlich durchzuarbeiten. ------→ 66 A

68C Haben Sie

$F(x;y) = x^3y - 3x^2y^3 + xy = C$ ------→ 67 B

$F(x;y) = \frac{y^2}{2} + \frac{x^4}{4} - 3x^3y^2 + \frac{x^2}{2} = C$ ------→ 71 A

ein anderes, den angegebenen nicht äuqivalentes Ergebnis ------→ 67 E

kein Ergebnis. ------→ 70 A

68D Haben Sie als Ergebnis

$F(x;y) = x^2 + xy + y + \frac{y^2}{2x} = C$ oder

$F(x;y) = x^2 - xy + y + \frac{y^2}{x} = C$ ------→ 71 E

Sie sind zu keinem Ergebnis gekommen, da die Dgl. nicht exakt ist. ------→ 69 A

Ihre Meinung ist richtig. **69 A**

Nur selten wird eine vorgelegte Dgl. die Integrabilitätsbedingung erfüllen. Man kann aber zuweilen auf einfache Weise durch Multiplikation mit einem geeigneten integrierenden Faktor $u(x;y)$ erreichen, daß die gegebene Dgl. exakt wird.

Wenn in Ihrer Ausbildung Kenntnisse über den integrierenden Faktor gefordert werden, dann arbeiten Sie den folgemden Abschnitt durch. Wir empfehlen Ihnen jedoch, vorher eine Pause einzulegen.

-----→ 72 A

Wenn das nicht der Fall ist, dann lösen Sie von den folgenden Übungsaufgaben und Hausaufgaben nur die exakten Dgln.

-----→ 75 C

Sie müssen erhalten haben **69 B**

$$F(x;y) = x^3y - 3x^2y^3 + xy = C.$$

Lösen Sie noch die Dgl.

$$(xe^x + e^x + y^3)dx + 3xy^2dy = 0.$$

-----→ 67 D

Zum Lösen der Dgl. nehmen Sie nun folgende Hilfen in Anspruch: **69 C**

1. Das Zwischenergebnis nach der ersten Integration muß

$$F(x;y) = x^2\cos^2 y + G(y)$$

lauten, wenn Sie $F(x;y)$ aus $f(x;y)$ berechnet haben.

2. Die partielle Differentiation ergibt

$$F_y(x;y) = -2x^2\sin y \cdot \cos y + G'(y),$$

$$F_y(x;y) = -x^2\sin 2y + G'(y).$$

Berechnen Sie nun selbständig $G(y)$ und die allgemeine Lösung der Dgl.

-----→ 68 A

70A Da Sie die Aufgabe nicht lösen konnten, sehen Sie sich noch ein Beispiel an!

Gesucht ist das allgemeine Integral der Dgl.

$$(3x^2 + 6xy^2)dx + (6x^2y + 4y^3)dy = 0.$$

<u>Lösungsweg:</u>

Probe, ob die vorliegende Dgl. exakt ist:

$f(x;y) = 3x^2 + 6xy^2$; $\quad g(x;y) = 6x^2y + 4y^3$;

$f_y(x;y) = 12xy$; $\quad g_x(x;y) = 12xy$.

Es gilt $f_y = g_y$, also ist die vorgelegte Dgl. exakt.

1. Weg:

$$F(x;y) = \int (3x^2 + 6xy^2)dx,$$

$$F(x;y) = x^3 + 3x^2y^2 + G(y),$$

$$F_y(x;y) = 6x^2y + G'(y),$$

$$6x^2y + 4y^3 = 6x^2y + G'(y),$$

$$G'(y) = 4y^3,$$

$$G(y) = \int 4y^3 dy = y^4 + K,$$

$$F(x;y) = x^3 + 3x^2y^2 + y^4 + K = C^*,$$

$$\underline{F(x;y) = x^3 + 3x^2y^2 + y^4 = C.}$$

2. Weg:

$$F(x;y) = \int (6x^2y + 4y^3)dy,$$

$$F(x;y) = 3x^2y^2 + y^4 + H(x),$$

$$F_x(x;y) = 6xy^2 + H'(x),$$

$$3x^2 + 6xy^2 = 6xy^2 + H'(x),$$

$$H'(x) = 3x^2,$$

$$H(x) = \int 3x^2 dx = x^3 + K,$$

$$\underline{F(x;y) = x^3 + 3x^2y^2 + y^4 = C.}$$

Lösen Sie nun folgende Dgl.:

$$(\sin y - y \sin x)dx + (x \cos y + \cos x + 1)dy = 0.$$

-----→ 68

71A

Ihr Ergebnis ist falsch.
Sie haben die Integranden vertauscht.
Es gilt $F(x;y) = \int f(x;y)dx + G(y)$,
d. h. für unsere Aufgabe

$$F(x;y) = \int(3x^2y - 6xy^3 + y)dx,$$
$$= x^3y - 3x^2y^3 + xy + G(y).$$

Erst zum Bestimmen von $G(y)$ wird

$g(x;y) = x^3 - 9x^2y^2 + x$ benötigt.

Lösen Sie mit diesen Hilfen die Aufgabe zu Ende. -----→ 69 B

71B

Ihr Zwischenergebnis ist richtig.
Setzen Sie gemäß 3. aus 72 A für $xy = z$, dann entsteht

$$\ln|\mu| = -\int\frac{dz}{z}.$$

Bestimmen Sie den integrierenden Faktor. -----→ 73 A

71C

Ihr Ergebnis ist richtig. -----→ 71 D

71D

Lösen Sie nun die Dgl.

$$2x - y - \frac{y^2}{x^2} + (x + 1 + \frac{y}{x})y' = 0.$$

-----→ 68 D

71E

Ihr Ergebnis ist falsch. Sie haben nicht untersucht, ob die Dgl. exakt ist. Holen Sie das nach! -----→ 71 D

71F

Ihr Ergebnis ist falsch.
Offensichtlich haben Sie 72 A und das nachfolgende Beispiel nur sehr flüchtig durchgearbeitet.
Gehen Sie noch einmal dorthin zurück. -----→ 72 A

72A Um bei gegebenen Dgln. entscheiden zu können, von welcher Form der integrierende Faktor ist, bilden Sie folgende Brüche, bis Sie zu einem Ausdruck gelangen, für den die dahinter angegebene Bedingung zutrifft. Kürzen Sie!

1. $\frac{f_y - g_x}{g}$ Wenn dieser Ausdruck nur von x abhängt, ist $\mu = \mu(x)$, und μ läßt sich bestimmen aus $\ln|\mu| = \int \frac{f_y - g_x}{g}\,dx$.

2. $\frac{g_x - f_y}{f}$ Wenn dieser Ausdruck nur von y abhängt, ist $\mu = \mu(y)$, und μ läßt sich bestimmen aus $\ln|\mu| = \int \frac{g_x - f_y}{f}\,dy$.

3. $\frac{f_y - g_x}{yg - xf}$ Wenn dieser Term nur von xy abhängt, ist $\mu = \mu(xy)$. Zur Bestimmung von μ wird xy durch z ersetzt, und μ wird bestimmt aus $\ln|\mu| = \int \frac{f_y - g_x}{yg - xf}\,dz$.

4. $\frac{(f_y - g_x)x^2}{-yg - xf}$ Wenn dieser Term nur von $\frac{y}{x}$ abhängt, ist $\mu = \mu(\frac{y}{x})$. Wird $\frac{y}{x}$ durch z ersetzt, kommt man bei der Bestimmung von μ zum Ziel.
Es läßt sich errechnen aus $\ln|\mu| = \int \frac{(f_y - g_x)x^2}{-yg - xf}\,dz$.

5. $\frac{f_y - g_x}{g - f}$ Wenn dieser Bruch nur von $(x + y)$ abhängt, ist $\mu = \mu(x + y)$. Wird $x + y$ durch z ersetzt, dann läßt sich μ berechnen aus $\ln|\mu| = \int \frac{f_y - g_x}{g - f}\,dz$.

Das sind einige der gebräuchlichsten Möglichkeiten. Wir zeigen Ihnen anschließend in einem Beispiel wie integrierende Faktoren bestimmt werden. -----→ 74 A

73A

Vergleichen Sie:

$\mu = - xy$ -----→ 77 F

$\mu = \frac{1}{xy}$ -----→ 75 E

$\mu = - \ln(xy)$ -----→ 77 D

Sie haben $\frac{f_y - g_x}{yg - xf} = - \frac{1}{xy}$ erhalten, sind dort nicht weitergekommen bzw. haben daraus einen anderen integrierenden Faktor erhalten.

-----→ 71 B

Sie sind zu keinem der angegebenen Ergebnisse gekommen.

-----→ 71 F

73B

Vergleichen Sie Ihre Ergebnisse:

	exakt?	μ	F(x;y)
1.	ja		$3xy^3 - 2x^2y - 4y = C$
2.	nein	cos y	$x^3 \cos y + \sin x \sin y = C$
3.	ja		$x^2 \ln y + y^2e^x + e^y = C.$

-----→ 73 C

73C

Lösen Sie die folgenden Dgln. und geben Sie Ihre Rechnungen bei Ihrem Betreuer ab.

1. $\cot y\,dx - (x + x \cot^2 y + 1 + \tan^2 y)dy = 0.$
2. Bestimmen Sie mindestens zwei integrierende Faktoren zur Dgl.
   $y^2dx + (1 + xy)dy = 0.$
   Untersuchen Sie, ob die Lösungen der zugehörigen exakten Dgln. einander äquivalent sind!
3. $(2 \arctan x + 1 + 2xy)dx + x^2dy = 0.$

Damit sind Sie am Ende des Abschnitts "Gewöhnliche Dgln. erster Ordnung" angekommen.

Sie haben die Möglichkeit, noch einige Übungsaufgaben zu lösen.

-----→ 80

74A Für die Dgl.

$$(2x - y - \frac{y^2}{x^2})dx + (x + 1 + \frac{y}{x})dy = 0$$

aus 71 D sind ein integrierender Faktor zu suchen und die zugehörige exakte Dgl. aufzustellen.

Lösungsweg:

$$f(x;y) = 2x - y - \frac{y^2}{x^2}, \qquad f_y = -1 - 2\frac{y}{x^2};$$

$$g(x;y) = x + 1 + \frac{y}{x}, \qquad g_x = 1 - \frac{y}{x^2};$$

$$f_y - g_x = -2 - \frac{y}{x^2}.$$

Probe für die folgenden Brüche:

1. $\frac{f_y - g_x}{g} = \frac{-2 - \frac{y}{x^2}}{x+1+\frac{y}{x}} = \frac{-2x^2 - y}{x^3 + x^2 + xy}$.

Bruch ist von x und y abhängig, demnach ist die Annahme $\mu = \mu(x)$ falsch.

2. $\frac{g_x - f_y}{f} = \frac{2+\frac{y}{x^2}}{2x-y-\frac{y^2}{x^2}} = \frac{2x^2+y}{2x^3-x^2y-y^2}$.

Bruch ist von x und y abhängig, demnach ist die Annahme $\mu = \mu(y)$ falsch.

3. $\frac{f_y - g_x}{yg - xf} = \frac{-2-\frac{y}{x^2}}{xy+y+\frac{y^2}{x}-2x^2+xy+\frac{y^2}{x}}$.

Auch durch weitere Umformungen läßt sich dieser Bruch nicht in Abhängigkeit von xy darstellen.

4. $\frac{(f_y - g_x)x^2}{-yg - xf} = \frac{(-2-\frac{y}{x^2})x^2}{-xy-y-\frac{y^2}{x}-2x^2+xy+\frac{y^2}{x}} = 1$.

$1 = (\frac{y}{x})^0$ ist von $\frac{y}{x}$ abhängig, also ist $\mu = \mu(\frac{y}{x})$.

Im nächsten Programmschritt berechnen wir den integrierenden Faktor. -----→ 75 A

75A

Berechnung von μ :

$$\ln|\mu| = \int \frac{(f_y - g_x)x^2}{-yg-xf}dz = \int dz,$$

$$\ln|\mu| = z + \ln|C|,$$

$$\mu = C\,e^z,$$

$$\mu = C\,e^{\frac{y}{x}}, \quad \text{mit} \quad C = 1 \quad \text{wird} \quad \underline{\mu = e^{\frac{y}{x}}}.$$

Multipliziert man die gegebene Dgl.

$$(2x - y - \frac{y^2}{x^2})dx + (x + 1 + \frac{y}{x})dy = 0$$

mit dem integrierenden Faktor, so entsteht die exakte Dgl.

$$(2x - y - \frac{y^2}{x^2})e^{\frac{y}{x}}dx + (x + 1 + \frac{y}{x})e^{\frac{y}{x}}dy = 0.$$

Sie können zeigen, daß diese Dgl. die Integrabilitätsbedingung erfüllt. -----→ 75 B

75B

Lösen Sie die Dgl. $(y + 2x^2y^2)dx + (x + x^3y)dy = 0$.
Vergleichen Sie zunächst den integrierenden Faktor! -----→ 73 A

75C

Lösen Sie die folgenden Dgln.

1. $(3y^3 - 4xy)dx - (2x^2 + 4 - 9xy^2)dy = 0.$
2. $3x^2 + \cos x \tan y + (\sin x - x^3 \tan y)y' = 0.$
3. $2x \ln y + y^2e^x + (\frac{x^2}{y} + 2ye^x + e^y)y' = 0.$ -----→ 73 B

75D

Ihre Meinung ist richtig. -----→ 75 C

75E

Ihr Ergebnis ist richtig. Bestimmen Sie nun die zu

$$(y + 2x^2y^2)dx + (x + x^3y)dy = 0$$

gehörende exakte Dgl. und lösen Sie diese! -----→ 77 A

76A Sie haben nicht den richtigen integrierenden Faktor gefunden.
Aus der Dgl. $(2xy^2 - y)dx + (y^2 + x + y)dy = 0$.
erhält man $f_y = 4xy - 1$ und $g_x = 1$.
An Hand von 72 A ist zu untersuchen:

1. Ist $\mu = \mu(x)$? $\frac{f_y - g_x}{g} = \frac{4xy - 2}{y^2 + x + y}$.

   Nein, da der Bruch von x <u>und</u> y abhängt.

2. Ist $\mu = \mu(y)$? $\frac{g_x - f_y}{f} = \frac{2-4xy}{2xy^2 - y} =$ _ _ _ _ _ .

Vergleichen Sie Ihre Ergänzung! -----→ 78 C

76B Mit dem angegebenen integrierenden Faktor müssen Sie zu der exakten Dgl.

$$(2x - \frac{1}{y})dx + (1 + \frac{x}{y^2} + \frac{1}{y})dy = 0$$

gekommen sein. Lösen wir diese Dgl. gemeinsam!

<u>Lösungsweg:</u>

$F(x;y) = \int(2x - \frac{1}{y})dx$

$F(x;y) = x^2 - \frac{x}{y} + G(y)$.

$F_y(x;y) = \frac{x}{y^2} + G'(y) = 1 + \frac{x}{y^2} + \frac{1}{y}$,

$\Longrightarrow$ $G'(y) =$ _ _ _ _ _ und $G(y) =$ _ _ _ _ _ + K.

Also wird $F(x;y) = x^2 - \frac{x}{y} +$ _ _ _ _ _ $= C$.

Vergleichen Sie Ihre Ergänzungen! -----→ 78 B

76C Ihre Ergänzung muß lauten $\frac{1}{y^2}$.

Bilden Sie nun die zugehörige exakte Dgl. und lösen Sie diese!
Die Ausgangsgleichung lautete

$$(2xy^2 - y)dx + \qquad (y^2 + x + y)dy = 0.$$

-----→ 79 B

77A

Haben Sie das richtige Ergebnis:

$$F(x;y) = \ln|x| + \ln|y| + x^2y = C \quad \text{bzw.}$$

$$F(x;y) = \ln|xy| + x^2y = C?$$

Ja -----→ 77 B

Nein, dann überprüfen Sie Ihre Rechnung auf elementare Fehler und vergleichen Sie erneut!

77B

Hatten Sie beim Lösen dieser Aufgabe an irgendeiner Stelle Schwierigkeiten, dann lösen Sie noch die folgende Dgl.:

$$(2xy^2 - y)dx + (y^2 + x + y)dy = 0.$$ -----→ 79 B

Sonst -----→ 77 C

77C

Zu bestimmen sind mindestens zwei integrierende Faktoren für die Dgl.

$$2dx + (2 + x + y)dy = 0.$$ -----→ 79 A

77D

Ihr Ergebnis ist falsch. Bedenken Sie, daß Sie $\ln|\mu|$ berechnet haben.

Korrigierem Sie! -----→ 73 A

77E

Die richtigen Ergebnisse sind:

μ	$F(x;y)$
$e^{\frac{y}{2}}$	$F_1(x;y) = xe^{\frac{y}{2}} + ye^{\frac{y}{2}} = C$
$\frac{1}{x+y}$	$F_2(x;y) = 2\ln\vert x + y\vert + y = K.$

Sind $F_1(x;y)$ und $F_2(x;y)$ einander äquivalent?

Ja -----→ 75 D

Nein -----→ 78 A

77F

Ihr Ergebnis ist falsch, da Sie das entsprechende Logarithmengesetz (Seite 6) nicht richtig angewendet haben.

Korrigieren Sie! -----→ 73 A

78A Ihre Meinung ist falsch.

Durch folgende Umformungen soll Ihnen das gezeigt werden:

$$F_2(x;y) = 2\ \ln|x + y| + y = K,$$

$$\ln|x + y| + \frac{y}{2} = \frac{K}{2},$$

$$e^{\ln|x+y|}e^{\frac{y}{2}} = e^{\frac{K}{2}}$$

$$|x + y|e^{\frac{y}{2}} = e^{\frac{K}{2}}.$$

$$(x + y)e^{\frac{y}{2}} = C, \quad \text{wobei} \quad C = \pm\ e^{\frac{K}{2}} \quad \text{ist.}$$

Das hatten wir für $F_1(x;y)$ erhalten. -----→ 75 C

78B Ihre Ergänzungen müssen lauten:

$1 + \frac{1}{y}$ / $y + \ln|y|$ / $y + \ln|y|$. -----→ 77 C

78C Ihre Ergänzung muß lauten $-\frac{2}{y}$. Dieser Bruch ist nur von y abhängig.

Damit wird $\ln|\mu| = -2\int\frac{dy}{y} = -2\ \ln|y|$.

Unter Beachtung der Logarithmengesetze erhält man

$\mu =$ _ _ _ _ _ . -----→ 76 C

78D Sie sind nicht zu den angegebenen Faktoren gekommen.

Haben Sie sehr sorgfältig die im Abschnitt 72 A gegebenen Brüche gebildet und sich in jedem Fall überlegt, in welcher Weise die entstehenden Terme nach dem Vereinfachen von x und y abhängen?

Kontrollieren Sie das noch einmal gründlich.

--- 72 A ---→ 77 C

79A

Erhielten Sie als integrierende Faktoren

$\mu = e^{\frac{y}{2}}$ und $\mu = \frac{1}{x+y}$?

Ja -----→ 79 C

Nein -----→ 78 D

79B

Das richtige Ergebnis lautet

$F(x;y) = x^2 - \frac{x}{y} + y + \ln|y| = C.$ -----→ 77 C

Haben Sie nicht dieses Ergebnis, dann vergleichen Sie den integrierenden Faktor.

Haben Sie $\mu = \frac{1}{y^2}$?

Ja -----→ 76 B

Nein -----→ 76 A

79C

Sie haben die integrierenden Faktoren richtig bestimmt.

Ein weiterer Faktor ist noch $\mu = (x + y)e^y$, den man aber nach den in 72 A angegebenen Möglichkeiten nicht finden konnte.

Lösen Sie nun die durch $\mu = e^{\frac{y}{2}}$ und $\mu = \frac{1}{x+y}$

aus der Dgl.

$$2dx + (2 + x + y)dy = 0$$

entstehenden exakten Dgln. und untersuchen Sie, ob die zugehörigen Lösungen einander äquivalent sind! -----→ 77 E

Übungsaufgaben

1. Geben Sie für jede der folgenden Dgln. die Lösungsmethode an, nach der sich die jeweilige Dgl. am einfachsten lösen läßt!

   a) $xy' - y = -x^2$,

   b) $xy' + y = x^2 + 3x + 2$,

   c) $xy' - y(\ln|y| - \ln|x|) = 0$,

   d) $x^2y' - xy - y^2 = 0$,

   e) $y' + x^2y = x^2$,

   f) $y' = y \sin x + \cos x$.

2. Bestimmen Sie die allgemeine Lösung für jede der folgenden Dgln.!

   a) $x(1 + x) - y(1 + y)y' = 0$,

   b) $xy' + 2y = x^5 + x$,

   c) $xy' + y \ln x = y \ln y$

   d) $xyy' + y^2 = 1$,

   e) $xyy' = x\sqrt{x^2 + y^2} + y^2$,

   f) $(x \cos y + \sin x)y' + \sin y + y \cos x = 0$,

   g) $(2x^3 + 3y \cos x)dy + (3x^2y - y^2 \sin x)dx = 0$.

3. Bestimmen Sie die partikuläre Lösung für jede der folgenden Dgln. mit der jeweiligen Anfangsbedingung!

   a) $y'(1 + x) = 1 - y$ mit $y(1) = -2$,

   b) $xy' - y = x^2 \cos x$ mit $y(\frac{\pi}{2}) = 1$,

   c) $(x^2 + y)dx + x\,dy = 0$ mit $y(3) = -1$.

4. Geben Sie für die folgenden Dgln. neben den allgemeinen Lösungen auch die partikulären Lösungen unter den gegebenen Anfangsbedingungen an!

   a) $x^2 - y^2 = 2xyy'$ mit $y(1) = 1$,

   b) $y' \sin y + 2(1 + \cos^2 y)\sqrt{1 - x^2} = 0$ mit $y(0) = 0$,

   c) $y' = \dfrac{6x^2y-4x}{6y-2x^3}$ mit $y(0) = 1$.

Lösungen der Übungsaufgaben

1. a) lineare Dgl. erster Ordnug ,
   b) lineare Dgl. erster Ordnung,
   c) Ähnlichkeitsdgl.,
   d) Ähnlichkeitsdgl.,
   e) Trennung der Variablen,
   f) lineare Dgl. erster Ordnung.

2. a) $2(y^3 - x^3) + 3(y^2 - x^2) = C$,
   b) $y = \frac{1}{7}x^5 + \frac{1}{3}x + k\frac{1}{x^2}$,
   c) $y = xe^{Cx+1}$,
   d) $y = \pm\sqrt{1 - \frac{k}{x^2}}$,
   e) $y = \pm x\sqrt{\ln^2 Cx - 1}$,
   f) $F(x;y) = \sin y + y \cos x = C$,
   g) $\mu = y;\quad F(x;y) = x^3y^2 + y^3\cos x = C$.

3. a) $y = 1 - \frac{6}{1+x}$,
   b) $y = x \sin x + \frac{x}{\pi}(2 - \pi)$,
   c) $F(x;y) = \frac{1}{3}x^3 + xy = 6$.

4. a) $y^2 = \frac{1}{3}x^2 - \frac{K}{x}, \qquad y^2 = \frac{1}{3}x^2 + \frac{2}{3x}$,
   b) $\cos y = \tan\left[\arcsin x + x\sqrt{1 - x^2} + C\right]$,
   $\cos y = \tan\left[\arcsin x + x\sqrt{1 - x^2} + \frac{\pi}{4}\right]$,
   c) $F(x;y) = 2x^3y - 2x^2 - 3y^2 = K$,
   $2x^3y - 2x^2 - 3y^2 = -3$.

Hinweise für den Lehrenden

Das vorliegende programmierte Material ist ein Übungsprogramm und setzt das selbständige Erarbeiten der theoretischen Grundlagen bzw. das Hören einer Vorlesung zum Stoffkomplex "Gewöhnliche Dgln. erster Ordnung" voraus. Es ist so aufgebaut, daß es an Stelle der Übungen im Selbststudium eingesetzt werden kann. Dabei erwies es sich als zweckmäßig, die selbständige Arbeit der Studenten mit dem Übungsprogramm durch Konsultationen zu unterstützen und zu kontrollieren. An einigen Stellen wird auch auf Kontakte mit dem Betreuer hingewiesen.

Für die fünf Abschnitte ergeben sich auf Grund bisheriger Erfahrungen folgende Durcharbeitungszeiten:

Grundbegriffe	150 Minuten
Trennung der Veränderlichen	180 Minuten
Ähnlichkeitsdgln.	150 Minuten
Lineare Dgln. erster Ordnung	210 Minuten
Exakte Dgln. und integrierender Faktor	210 Minuten

Es ergibt sich so eine Gesamtdurcharbeitungszeit von 15 Stunden. Der Abschnitt Ähnlichkeitsdgln. kann übergangen werden, ohne das Verständnis der übrigen Abschnitte zu beeinträchtigen. Im Abschnitt Exakte Dgln. und integrierender Faktor besteht die Möglichkeit, den zweiten Teil zu übergehen.

Einige im Programm enthaltene Aufgaben können von Studierenden einiger Fachrichtungen übergangen werden. Das ist bei der Abarbeitung des Programms zu erkennen.

Die im Programm enthaltenen Aufgaben treten in unterschiedlichen Funktionen auf:

- Aufgaben, deren Lösungen nach dem Prinzip der Konstruktionsauswahlantworten vorgegeben werden;
- vorgerechnete Beispiele;
- Übungsaufgaben, deren Lösungen angegeben werden;
- Aufgaben (zur Leistungskontrolle), mit deren Hilfe die Studenten ihre Leistungen selbst kontrollieren und bewerten können;
- Kontrollaufgaben, deren Lösungen beim Betreuer abzugeben sind.

Das vorliegende Programm ist die dritte Überarbeitung des ursprünglichen Manuskripts. Die vorhergehenden Fassungen wurden an ca. 2000 Studenten der TH Karl-Marx-Stadt erprobt, und in der vorliegenden Fassung wurde es bereits bei etwa 600 Studenten eingesetzt. Die Ergebnisse der Erprobungen zeigen in allen Fällen, daß die Leistungen der Studenten bei Einsatz der Übungsprogramme gleich bzw. sogar signifikant besser waren als die Leistungen der Studenten, die im Übungsbetrieb unterrichtet wurden. Insbesondere bei interessierten, wenn auch häufig leistungsmäßig schwachen Studenten war ein wesentlicher Leistungsanstieg zu erkennen.

Kritische Hinweise und Vorschläge zur weiteten Verbesserung des Materials nehmen wir gern entgegen.

MATHEMATIK FÜR INGENIEURE, NATURWISSENSCHAFTLER, ÖKONOMEN UND LANDWIRTE

Dozent Dr. K. Harbarth und Prof. Dr. T. Riedrich

Differentialrechnung für Funktionen mit mehreren Variablen

164 Seiten mit 36 Abbildungen. (Band 4). Kartoniert 8,- M,
Ausland 14,- M
Bestell-Nr. 665 713 9 Bestellwort: Harbarth, Diff. Rechn.

Prof. Dr. K. Manteuffel, Prof. Dr. E. Seiffart und Dr. K. Vetters

Lineare Algebra

216 Seiten mit 47 Abbildungen. (Band 13). Kartoniert 10,- M,
Ausland 15,- M
Bestell-Nr. 665 724 3 Bestellwort: Manteuffel, Lineare

Prof. Dr. D. Oelschlägel und Dr. W.-G. Matthäus

Numerische Methoden

88 Seiten mit 6 Abbildungen. (Band 18). Kartoniert 4,50 M,
Ausland 10,- M
Bestell-Nr. 665 716 3 Bestellwort: Oelschlägel, Meth.

Dozent Dr. E.-A. Pforr und Dr. W. Schirotzek

Differential- und Integralrechnung für Funktionen mit einer Variablen

264 Seiten mit 109 Abbildungen. (Band 2). Kartoniert 13,50 M,
Ausland 18,- M
Bestell-Nr. 665 677 7 Bestellwort: Pforr, Diff. u. Integr.

Prof. Dr. N. Sieber, Dr. H.-J. Sebastian und Dozent Dr. G. Zeidler

Grundlagen der Mathematik, Abbildungen, Funktionen, Folgen

208 Seiten mit 79 Abbildungen. (Band 1). Kartoniert 10,- M,
Ausland 15,- M
Bestell-Nr. 665 671 8 Bestellwort: Sieber, Mathematik

BSB B.G. TEUBNER VERLAGSGESELLSCHAFT